哈尔滨市生态环境质量报告
（2016—2020 年）

常 伟 王晓燕 李亚男 主编

哈尔滨工程大学出版社
Harbin Engineering University Press

图书在版编目（CIP）数据

哈尔滨市生态环境质量报告. 2016—2020 年/常伟，王晓燕，李亚男主编. —哈尔滨：哈尔滨工程大学出版社，2022.10

ISBN 978 - 7 - 5661 - 3540 - 7

Ⅰ.①哈… Ⅱ.①常… ②王… ③李… Ⅲ.①区域生态环境 - 环境质量评价 - 研究报告 - 哈尔滨 - 2016 - 2020 Ⅳ.①X321.235.1

中国版本图书馆 CIP 数据核字（2022）第 198618 号

哈尔滨市生态环境质量报告（2016—2020 年）
HAERBINSHI SHENGTAI HUANJING ZHILIANG BAOGAO（2016—2020 NIAN）

选题策划 刘凯元
责任编辑 刘凯元
封面设计 李海波

出版发行 哈尔滨工程大学出版社
社　　址 哈尔滨市南岗区南通大街 145 号
邮政编码 150001
发行电话 0451 - 82519328
传　　真 0451 - 82519699
经　　销 新华书店
印　　刷 哈尔滨午阳印刷有限公司
开　　本 787 mm×1 092 mm　1/16
印　　张 14.75
字　　数 370 千字
版　　次 2022 年 10 月第 1 版
印　　次 2022 年 10 月第 1 次印刷
定　　价 78.00 元

http://www.hrbeupress.com
E-mail:heupress@ hrbeu.edu.cn

编 委 会

主　　编　常　伟　　王晓燕　　李亚男

编　　写　李亚男　　戚嘉卓　　马　骏　　郝桂媛　　李云晶　　张志浩
　　　　　王宇新　　赵晓婧　　徐盛荣　　滕世长　　王晓丹　　王　俭
　　　　　赵淑芳　　宋　扬　　石　野　　马　倩　　李春晖　　刘　洋
　　　　　张佳雨　　段志刚　　初丽丽　　张景欣　　李宏伟　　柏广宇
　　　　　张春立　　刘春颖　　李树岭　　隋亚男　　李双江　　葛再立
　　　　　王佳琳　　蒋本超　　柏久明　　刘海鹏

审　　核　王晓燕

审　　定　常　伟

参加编写单位和提供资料单位　　哈尔滨市生态环境局
　　　　　　　　　　　　　　　　黑龙江省生态环境监测中心
　　　　　　　　　　　　　　　　哈尔滨市防灾减灾气象服务中心
　　　　　　　　　　　　　　　　哈尔滨市生态环境技术保障中心
　　　　　　　　　　　　　　　　黑龙江省核与辐射安全执法局

批准部门　黑龙江省生态环境厅

主编单位　黑龙江省哈尔滨生态环境监测中心

编报时间　2021 年 6 月

前　言

本报告书以"十三五"期间哈尔滨市生态环境质量监测数据为基础,广泛收集了哈尔滨市自然、社会、经济等相关数据和信息,结合近五年的环境科研成果,经过综合分析编写而成。全书共分生态环境概况、生态环境质量状况、污染排放、特色工作及新领域、结论五部分。生态环境概况部分主要介绍了与生态环境质量密切相关的自然环境、社会与经济发展、生态环境保护工作和生态环境监测工作概况;生态环境质量状况部分从环境空气、地表水、集中式饮用水水源地、声环境、生态环境、农村环境、土壤环境、辐射环境等方面对"十三五"哈尔滨市生态环境质量状况及其变化规律进行了全面、系统的分析和评价,同时对环境要素与社会经济、污染排放、气象、能源消耗等进行科学合理的相关性分析,在地表水章节中创新运用了熵权综合评价法对哈尔滨市地表水现状进行评价;污染排放部分介绍了废气、废水、固体废物等污染物排放情况;特色工作及新领域主要介绍环境空气预测预报及评估、大气超级站环境空气监测、水生生物及水环境承载力评价;结论部分利用时间序列、灰色模型等分别对生态环境质量变化趋势和污染排放变化趋势进行预测,给出了"十三五"哈尔滨市生态环境质量结论、生态环境保护工作经验及主要环境问题,提出了具体、有效的污染防治措施。

本报告书的编写过程中,我们力求做到语言文字精练、明确、流畅,数据充分、翔实,图表表达直观、明确,内容全面、具体,分析评价方法科学、准确、创新。由于我们的视野和水平有限,书中难免存在不足之处,敬请批评指正。

编　者

2022 年 1 月

目　　录

第1篇 生态环境概况

第1章 自然经济社会概况

1.1 自然环境概况

1.1.1 地理位置

哈尔滨市位于东经125°42′~130°10′、北纬44°04′~46°40′,地处中国东北平原东北部地区,黑龙江省南部,处东北亚中心区域,是第一条欧亚大陆桥和空中走廊的重要枢纽。其辖区东临牡丹江市、七台河市,南连吉林省长春市、吉林市、延边朝鲜族自治州,西接绥化市、大庆市,北毗伊春市、佳木斯市。

1.1.2 地貌

哈尔滨市区及双城区、呼兰区地域平坦、低洼,东部县(市)多山及丘陵地,东南临张广才岭支脉丘陵,北部为小兴安岭山区,中部有松花江通过,山势不高,河流纵横,平原辽阔。哈尔滨市区主要分布在松花江形成的三级阶地上:第一级阶地海拔132~140 m,主要包括道里区和道外区,地面平坦;第二级阶地海拔145~175 m,由第一级阶地逐步过渡,无明显界限,主要包括南岗区和香坊区的部分地区,面积较大,长期流水浸蚀,略有起伏,土层深厚,土质肥沃,是哈尔滨市重要农业区;第三级阶地海拔180~200 m,主要分布在天恒山和平房区南部等地,再往东南则逐渐过渡到张广才岭余脉,为丘陵地区。

1.1.3 水文

哈尔滨市境内的大小河流均属松花江水系。松花江的北源嫩江发源于大兴安岭的伊勒呼里山,南源第二松花江发源于吉林省长白山天池。嫩江与第二松花江汇合后称为松花江。松花江自哈尔滨市双城区入境,至依兰县出境,贯穿哈尔滨市中部,全长约466 km。松花江干流哈尔滨段有12条主要一级支流,依次为拉林河、阿什河、呼兰河、蜚克图河、少陵河、木兰达河、白杨木河、蚂蚁河、岔林河、牡丹江、倭肯河、巴兰河。松花江流域位于北方寒冷地区,水量变化具有明显的季节性特征,一年出现春、夏两个汛期,年内分配不均匀,年径流量呈双峰型变化。4—5月冰雪融化,江河径流量增大,形成春汛;6—9月降水集中,降水量占全年的70%以上,致使江河径流量急剧增大,占全年径流量的60%~80%,形成夏汛。

11月下旬封冻后,径流量明显下降,仅占全年的20%左右,进入枯水期。哈尔滨市水资源特点是自产水偏少,过境水较丰,时空分布不均,表征为夏多冬少、东富西贫。

1.1.4 气象

1.1.4.1 总体概况

哈尔滨市属温带半湿润大陆性季风气候,冬长夏短,四季分明。极端最高气温为37.8 ℃,最低气温为 –32.3 ℃。年平均降水量561.1 mm,无霜期150 天,结冰期190 天。冬季在极地大陆气团控制之下,气候寒冷、干燥;夏季受副热带海洋气团影响,降水充沛,气候温热、湿润,但时有洪涝灾害和低温冷害发生;春、秋两季为冬、夏季风交替季节,气候多变,气温变化急剧。春季多西南大风,气温回暖快;秋季降温急剧,降水变率较大,常有秋涝和早霜发生。

1.1.4.2 季节特征

哈尔滨市气温呈明显的季节性变化,全年降水具有时空分布不均且雨热同季的特点。

1. 春季(3—5月)

哈尔滨市春季气温回升快,降水少,空气干燥,天气多变,气温变幅大。春季由于太阳高度角加大,太阳辐射增强,变性极地大陆气团减弱,蒙古高压东移入海变性,但南来系统很少北上,暖湿气流不能到达哈尔滨市,所以大陆回暖,气温回升较快,降水量很少。全市春季平均气温为5.9 ℃,3月全市平均气温为 –4.0 ℃,4月为6.9 ℃,5月为14.8 ℃。全市春季平均降水量为109.1 mm,占全年降水量17.7%。当贝加尔湖低压发生,并沿锋区向东移动时,形成南高北低的形势,其前部往往出现强盛的西南气流,后部则有猛烈的西北气流侵入,因此春季多大风天气,是一年中大风天气最多的季节。春季大风对大气污染的影响很大。

2. 夏季(6—8月)

哈尔滨市夏季短暂,气候温热,雨量充沛,光热水同季。夏季高空北支西风急流北退至高纬度,南支急流随太平洋副热带高压的加强也向北移,维持于北纬40～50°一带。由于大陆低压和太平洋副热带高压的对峙,东南季风增强,南来暖湿气流源源不断向北输送,降水量显著增多。全市6～8月降水量平均为366.3 mm,占全年总降水量的59.6%,夏季是降水最多的季节,但降水强度不大,平均暴雨日数为1～2 天,特大暴雨少见。夏季由于太阳辐射较强,受变性热带太平洋气团控制,所以气温较高。全市夏季平均气温为21.8 ℃,气温月际差异很小,为各季之最,7月份是全年气温最高的月份,常年平均气温为23.0 ℃。

3. 秋季(9—10月)

哈尔滨市秋季天气冷暖多变,入秋后,降水量显著减少,但多于春季;风速较大,仅次于春季,风向以偏南风为主。秋季由于太阳高度角减小,太阳辐射减弱,日照时间缩短,东亚锋区逐渐南移,冷空气势力增强,南支锋区建立,冷暖空气交替频繁,所以气温下降较快。全市秋季平均气温为10.3 ℃,其中9月为15.0 ℃,10月为5.7 ℃,与9月份相比下降幅度达 9.3 ℃。全市秋季平均降水量为 88.9 mm,占全年总降水量的 14.5%。

4.冬季(11—2 月)

哈尔滨市冬季漫长而寒冷,气温很低,降水很少,气候干燥,有时也会出现暴雪天气,冬季盛行西南风,风速很小。冬季太阳高度角全年最小,日照时间也最短。西来大型环流呈现为一槽一脊型。贝加尔湖上空为高压脊,亚洲大陆东岸为低压槽,哈尔滨市处在脊前,为西北气流控制,冷空气经常随西北气流入侵,所以冬季气候严寒、干燥。全市冬季平均气温为 −13.9 ℃,最冷月为 1 月份,平均气温为 −19.4 ℃。全市冬季平均降水量为 50.9 mm,占全年总降水量的 8.3%。

1.1.4.3 2020 年环境气象大事件

1.冬季(2019 年 12 月—2020 年 2 月)降雪多,多雪程度居 1961 年以来历史同期第 1 位

冬季全市平均降雪量为 38.9 mm,比历年同期多 151%,多雪程度居 1961 年以来历史同期第 1 位。其中 12 月全市平均降雪量为 23.9 mm,比历年同期多 246%;2 月全市平均降雪量为 12.6 mm,比历年同期多 192%。

2.1 月气温偏高、大气扩散条件差、重污染天气频发

1 月全市平均气温为 −17.4 ℃,比历年同期高 1.2 ℃,冷空气势力较弱、静稳天气多,不利于污染物扩散。全月重度以上污染天气共出现 14 天,其中哈尔滨市区 1 月 11—20 日连续 10 天出现重度以上污染天气,为 2014 年以来同期最多。生态环境与气象部门密切合作,对不利气象条件提前发布预报、预警,政府及时启动应急预案、防控措施得力,未出现爆表污染。

3.4 月 19—22 日哈尔滨市出现雨雪寒潮大风天气,供暖期延长一周

4 月 19—22 日,受强冷空气影响,全市出现雨雪寒潮大风天气,截至 23 日 8 时,最低气温降温幅度在 8 ~ 11 ℃、最高气温降温幅度为 16 ~ 19 ℃,哈尔滨市主城区、呼兰区、阿城区、双城区、五常市、巴彦县、宾县、依兰县、延寿县、木兰县、通河县、方正县 21 日或 22 日最高气温创 4 月下旬历史极低值。市政府依据气象信息,将供暖期延长一周。

4.4 月中旬雾、霾天气再度袭来,18 日提升重污染天气预警等级至一级(红色)预警

4 月 17—19 日,哈尔滨市出现雾、霾天气,大气扩散条件差。根据生态环境与气象部门联合会商,市重污染天气应急指挥部 17 日发布重污染天气二级(黄色)预警;18 日 10 时市区能见度降至 289 m,大气扩散条件极差,同时受本地污染源排放和前期污染累积影响,预计未来空气质量将持续重度 − 严重污染,根据《哈尔滨市重污染天气应急预案》(2019 年修订)规定,哈尔滨市重污染天气应急指挥部自 18 日 10 时起,提升重污染天气预警等级至一级(红色)预警。

5.5 月初强降雨、降温天气来袭,三地日降水量突破 5 月上旬历史同期日极值

5 月 2 日 15 时至 4 日 08 时,哈尔滨市自南向北出现 2020 年首次大范围强降雨、降温天气,累计降水量最大值出现在尚志市一面坡镇 63.8 mm,尚志市、延寿县、阿城区日降水量突破 1961 年以来的 5 月上旬的历史同期日极值,多地出现雷暴和风雹等强对流天气,降雨同时气温明显下降,24 小时最高气温降幅达 20 ℃左右。2020 年 5 月及历史同期强降雨状况对比如图 1 − 1 所示。

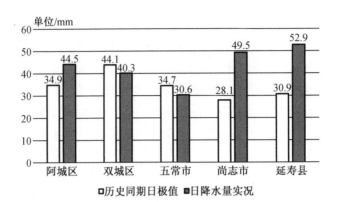

图 1-1 2020 年 5 月及历史同期强降雨状况对比

注:历史同期为 1961 年以来 5 月上旬降水日极值。

6.7 月初短时暴雨、雷雨大风、冰雹等强对流灾害天气频发,部分区域中、小河流水位上涨

7 月 6 日中午,巴彦县等北部地区局地出现冰雹天气,降雨同时局地阵风 8~9 级;6 日 18~23 时,哈尔滨市西部和北部区、县(市)出现了一次局地短时强降雨天气,其中巴彦县部分乡镇 3 小时雨量超过 100 mm,最大小时雨强达到 52.8 mm(巴彦县龙泉镇 18—19 时 52.8 mm),受局地短时强降雨天气影响,少陵河、木兰达河等中、小河流水位迅速上涨,部分农田积水,紧急转移人口 52 户 110 人;7 日 17 时 30 分至 18 时 50 分,宾县满井镇、永和乡遭受强降雨、冰雹灾害,短时降雨量约 20 mm,冰雹持续时间约 5 min。

7.8 月下旬至 9 月上旬,半个月内遭遇台风三连击,属历史首次

8 月 27 日—9 月 10 日,哈尔滨市连续受到 8 号台风"巴威"、9 号台风"美莎克"和 10 号台风"海神"的直接影响,在短短半个月内,连续三个台风影响哈尔滨市,为 1949 年以来首次。全市各地累计降水量(8 月 27 日 02 时—9 月 10 日 20 时)都达到 150~300 mm,均突破历史极值,是历史同期降水量的 2~5 倍。台风影响期间部分乡镇最大阵风达 11 级,局地瞬时风力超过 12 级,大风造成部分作物倒伏,对玉米、水稻、大豆等作物灌浆乳熟产生不利影响,导致设施、大棚损毁和瓜果蔬菜受损。受台风影响,多班次航班和火车取消,市内道路积水严重,中小学及幼儿园停课,群众生产生活受到一定影响。

8.11 月中旬末特大暴风雪席卷哈尔滨市,一夜之间冰城披上冬装

受江淮气旋北上影响,11 月 18—19 日哈尔滨市出现了一次罕见的强风雪天气,局地特大暴雪,降雪量和极大风速超历史极值。此次过程中全市平均降水量达 25.5 mm,比历年 11 月总降水量(12.2 mm)多 2 倍还多。哈尔滨市主城区、尚志、方正、阿城、双城极大风速超过历史同期日极值。哈尔滨主城区平均降雪量达 37.7 mm,最大为平房区,达 49.6 mm。降雪同时伴有大风,哈尔滨市主城区、尚志市、方正县、阿城区、双城区极大风速超过历史同期日极值。

1.1.5 土地面积及构成

1.1.5.1 土地面积

哈尔滨市总土地面积5.31万km²。其中山地面积1.8万km²,占全市总面积的34%;丘陵1.1万km²,占21%;平原2.4万km²,占45%。

1.1.5.2 土地构成

哈尔滨市土壤类型较多,共有9个土类、21个亚类、25个土种。黑土是郊区及9个县(市)的主要土壤,也是分布最广、数量最多的土壤类型。黑土在哈尔滨市分为黑土和草甸黑土2个亚类,黏质黑土、砂质黑土和草甸黑土3个土属,共7个土种。黑土土壤养分含量较为丰富,适于各种农作物生长。黑钙土养分含量仅次于黑土,适于作物栽培,是哈尔滨市主要耕作土壤,主要分布在中部平川地和岗平地上,在哈尔滨市分为黑钙土、淋溶黑钙土和草甸黑钙土3个亚类,共8个土种。草甸土也是哈尔滨市主要耕作土壤,多数分布在沿江河低洼淋溶地带和松花江台地漫滩地带,在哈尔滨市分为草甸土、碱化草甸土、泛滥地草甸土、盐化草甸土、潜育草甸土和硫酸盐草甸土6个亚类,共10个土种。草甸土大部分宜耕性较差,适宜发展草场和栽植薪炭林。沙土及沼泽土主要分布在江河两岸河滩和低洼地块,适于发展渔业、牧业。

1.2 社会经济概况

1.2.1 行政区划

哈尔滨市辖道里区、道外区、南岗区、香坊区、平房区、松北区、呼兰区、阿城区和双城区等9个区及五常市、尚志市、巴彦县、宾县、依兰县、延寿县、木兰县、通河县和方正县等9个县(市)。

1.2.2 人口及经济结构

2020年哈尔滨市年末户籍总人口948.5万人,与2015年相比减少12.9万人。其中城镇人口528.4万人,户籍人口城镇化率55.7%,与2015年相比上升13.8个百分点。

2020全年实现地区生产总值5 183.8亿元,按可比价格计算,同比增长0.6%。其中第一产业实现增加值615.8亿元,增长2.1%;第二产业实现增加值1 144.5亿元,增长2.3%;第三产业实现增加值3 423.5亿元,下降0.4%。第三次产业结构由上年的11.1:22.0:66.9调整为11.9:22.1:66.0。第一、二、三产业对地区生产总值增长的贡献率分别为11.9%、22.1%和66.0%。户籍人口人均地区生产总值54 570元,增长0.7%。民营经济实现增加值2 137.4亿元,增长0.1%,占全市地区生产总值的比重为41.2%,县域实现地区生产总值1 174.6亿元,增长1.6%,占全市地区生产总值的比重为22.7%。

"十三五"期间,全市经济总量虽缓慢上涨,但经济增速逐年下降,下降幅度较大;户籍人口数量相对平稳,呈缓慢下降趋势;2016—2018 年第三产业占比逐年增加,受新冠肺炎疫情影响,2020 年第三产业占比有所下降。"十三五"哈尔滨市地区生产总值及增速如图 1-2 所示。"十三五"哈尔滨市各类产业增加值占地区生产总值比重如图 1-3 所示。

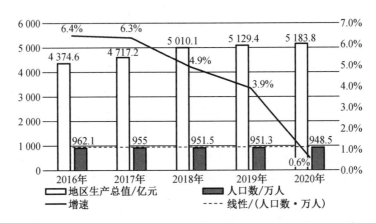

图 1-2 "十三五"哈尔滨市地区生产总值及增速

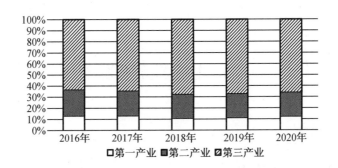

图 1-3 "十三五"哈尔滨市各类产业增加值占地区生产总值比重

1.2.3 工业和农业

2020 年哈尔滨市实现全部工业增加值 870.3 亿元,同比增长 2.9%。其中规模以上工业增加值增长 4.2%。在规模以上工业中,采矿业下降 3.0%,制造业增长 4.3%,电力、热力、燃气及水生产和供应业增长 5.0%。

2020 年哈尔滨市完成农林牧渔业总产值 1 168.6 亿元,按可比价格计算,同比增长 2.0%。其中农业产值 745.5 亿元,增长 2.6%;林业产值 33.1 亿元,增长 5.1%;牧业产值 320.0 亿元,增长 0.1%;渔业产值 23.2 亿元,增长 1.7%;农林牧渔服务业产值 46.8 亿元,增长 2.4%。粮食作物播种面积 2 962.0 万亩[①],增长 1.0%。其中水稻 887.6 万亩,增长

---

① 1 亩 = 666.67 m^2。

5.8%;玉米1 644.4万亩,下降1.6%;大豆406.2万亩,增长10.6%。设施蔬菜种植面积7.7万亩,产量23.6万t;瓜果类面积1.2万亩,产量2.0万t;花卉苗木面积3 235.5亩。全年猪、牛、羊、家禽存栏分别为239.6万头、72.6万头、37.2万只、2 695.5万只,分别增长17.0%、10.1%、7.5%、4.1%。肉、蛋、奶产量分别为40.8万t、24.0万t、37.4万t。水产品产量13.0万t,下降1.5%。其中养殖水产品产量12.6万t,下降1.6%;捕捞水产品产量0.4万t,下降4.3%。绿色食品、有机农产品认证面积1 058万亩。其中绿色食品产品认证面积1 029万亩,有机农产品认证面积33万亩。绿色食品标识认证610个,农产品地理标志登记33个,国家绿色食品原料标准化生产基地840万亩。拥有市级以上农业产业化龙头企业203家。其中国家级11家,省级100家。新增农民合作社规范社100个。化肥投入42.4万t,增长0.9%。

"十三五"期间,采矿业和电力、热力、燃气及水生产和供应业增速在2016—2020年呈现波动变化,工业增加值增速在2018—2020年趋于平缓。与2015年相比,工业增加值增速减少0.6%,规模以上工业增加值增速上升1.3个百分点,采矿业增速上升32.8个百分点,制造业增速上升0.7个百分点,电力、热力、燃气及水生产和供应业增速上升4个百分点。

"十三五"期间,农林牧渔业总产值在2018年后呈现平稳上升趋势。其中渔业产值和农林牧渔服务业增速总体呈现下降趋势,牧业产值增速趋于平缓,农林业产值增速呈现上升趋势。与2015年相比,农业产值增速降低5.3个百分点,林业产值增速上升2.4个百分点,牧业产值增速降低6.1个百分点,渔业产值增速降低6.1个百分点。

1.2.4 交通和建筑

2020年哈尔滨市完成货物运输总量9 138.7万t,同比下降3.4%。货物运输周转总量376.9亿t·km,下降4.3%。完成旅客运输总量4 385.4万人次,下降61.2%。旅客运输周转总量185.4亿人·km,下降46.5%。民用汽车保有量212.7万辆,增长8.4%。其中私人汽车保有量193.5万辆,增长8.6%;个人小型客车保有量171.9万辆,增长6.2%。每百户城镇居民家庭拥有汽车28.5辆,每百户农村居民家庭拥有汽车13.6辆。新能源汽车保有量11 573辆,增长54.0%。

2020年哈尔滨太平国际机场已开通航线296条,新增19条。其中国际和地区航线20条,航线数量减少3条;国内航线276条,航线数量净增22条。全年哈尔滨太平国际机场进出港旅客1 350.9万人次,下降35.0%。航空货邮吞吐量11.2万t,下降17.6%。

2020年哈尔滨实现建筑业增加值274.7亿元,同比增长0.2%。资质以上建筑业企业1 320户。其中一级资质及以上建筑企业216户,占全部建筑企业的16.4%;一级以下建筑企业1 104户,占83.6%。资质以上建筑企业中有工作量的建筑企业941户,占全部建筑企业的71.3%。

"十三五"期间,建筑业增加值增速总体呈现平稳下降趋势,与2015年相比,降低了2.9个百分点。货物运输总量和周转量增速总体保持平稳上升趋势,与2015年相比,货物运输总量增速上升10.2个百分点,货物运输周转量增速上升13.4个百分点。旅客运输总量和周转总量、机场进出港旅客增速在2020年大幅下降,与2015年相比,旅客运输总量增速下降55.8个百分点,旅客运输周转总量增速下降48.5个百分点,机场进出港旅客增速下降39.8个百分点。

1.2.5 城市建设与公用事业

在路网建设方面,2020年哈尔滨市东二环高架体系、三棵树跨线桥、文景头道街等45个路桥指标竣工投用。地铁2号线一期、3号线二期东南环实现"车通",新建停车场8处,新增公共停车泊位6 181个,启动建设源网厂站9座,新建改造各类管线364.5 km。

在城市交通方面,2020年哈尔滨市共有编码公交线路322条,其中新开辟、调整和延伸公交线路32条。公交运营线路总长度达到7 505 km,其中新增线路长度521.5 km。共有公交运营车辆7 219辆,其中新增、更新车辆413标台,新增、更新车辆全部为新能源车辆。全年公交客运量达到4.9亿人次。获"国家公交都市建设示范城市"称号。共有出租汽车17 518辆,其中更新双燃料出租车811台,客运量达到3.6亿人次。地铁线路2条,运营线路总长度30.3 km,总客运量0.5亿人次。

在保障性安居工程方面,2020年哈尔滨市启动棚户区征收改造1.2万户。棚户区改造基本建成7 000套,完成全年计划的100%。分配公共租赁住房1 922套,完成年度计划的100%。梳理解决棚改历史遗留指标13个,涉及7 397户居民。

在城市环境综合整治方面,2020年哈尔滨市新增物业管理面积620万 m^2,创建市级以上物业管理示范指标86个。机械化清扫率、生活垃圾无害化处理率分别达到90%和100%。城区新增公园(游园)12处,改建开放式公园2个,新植树木5.0万株,新增绿地21公顷,建成区绿化覆盖面积16 184公顷,同比增加271公顷。

在供热、供气方面,2020年哈尔滨市改造老旧供热管网125 km,全市集中供热面积达32 900.7万 m^2,集中供热普及率达到96%。全市供气管道总长度4 600 km,天然气用户196万户,其中家庭用户194万户。

"十三五"期间,路桥指标竣工数量总体呈现下降趋势,与2015年相比,减少61个指标;公交路线总长度呈现上升趋势,与2015年相比,增加2 419.1 km;机械化清扫率、生活垃圾无害化处理率呈现逐年增长趋势,与2015年相比,分别上升20个百分点和8.4个百分点;供热面积和集中供热普及率均呈现逐年上升趋势,与2015年相比,供热面积增加10 800.7万 m^2,集中供热普及率上升7个百分点。"十三五"哈尔滨城市建设与公用事业变化情况如图1-4所示。

1.2.6 能源构成和资源环境

2020年哈尔滨市全社会用电量254.8亿 kW·h,同比增长1.2%。其中工业用电量109.5亿 kW·h,增长5.8%;城镇居民生活用电量43.2亿 kW·h,增长7.5%;乡村居民生活用电量17.6亿 kW·h,增长0.3%。规模以上万元工业增加值能耗下降0.05%。规模以上工业综合能源消费量743.6万 t标准煤,增长4.2%。规模以上工业高耗能行业综合能源消费量647.8万 t标准煤,增长5.6%。

"十三五"期间,哈尔滨市全社会用电量增速总体呈现平稳下降趋势,与2015年相比,下降1个百分点；工业用电量和城镇居民生活用电增速总体呈现上升趋势，与2015年相比，分别上升5.5个百分点和9.7个百分点；乡村居民生活用电量增速保持平稳，与2015年相比，下降2.7个百分点。

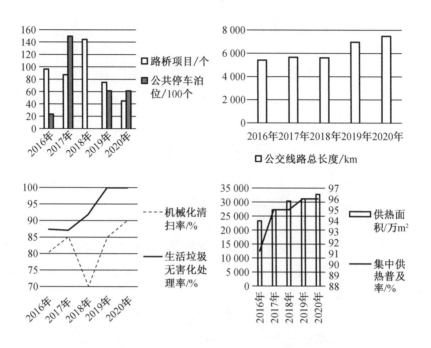

图1-4 "十三五"哈尔滨城市建设与公用事业变化情况

2020年哈尔滨市国有建设用地供应总量2 372.4公顷，同比增长40.1%。其中工矿仓储用地434.3公顷，增长17.6%；商业用地164.9公顷，增长120.7%；住宅用地535.5公顷，增长44.8%；公共管理与服务用地1 056.6公顷，增长40.0%；交通用地153.2公顷，增长47.6%；水利用地27.9公顷，增长37.4%。全年完成造林28.9万亩。湿地公园16处，面积2.1万公顷，其中国家级湿地公园13处，省级3处。省级自然保护区14处，面积15.1万公顷。活立木蓄积量10 711万 m^3，森林覆盖率46%。完成人工造林10.0万亩。

"十三五"期间，国有建设用地供应总量、工矿仓储用地、商业用地和住宅用地增速均呈现上升趋势，与2015年相比，分别增长了72.1个百分点、44.6个百分点、132.7个百分点和95.8个百分点。

第 2 篇　生态环境质量状况

第 2 章　环境空气质量

2.1　网络布设及评价方法

2.1.1　点位布设、监测指标及频次

"十三五"期间,哈尔滨市共设置国控环境空气自动监测点位 12 个,省控环境空气自动监测点位 9 个。9 个省控监测点位中,五常市、尚志市、延寿县、木兰县、通河县、方正县点位于 2019 年正式开始监测,巴彦县、宾县、依兰县点位于 2020 年正式开始监测。哈尔滨市主城区及各区环境空气质量以除岭北点位外的 11 个国控站实况数据为基础进行统计分析,县(市)环境空气质量以 9 个省控站实况数据为基础进行统计分析。

12 个国控监测点位对 SO_2、NO_2、PM_{10}、$PM_{2.5}$、CO、O_3 进行 24 小时连续监测。9 个省控监测点位对 SO_2、NO_2、PM_{10}、$PM_{2.5}$、CO、O_3 进行 24 小时连续监测。哈尔滨市国控环境空气自动监测点位表见表 2-1。哈尔滨市省控环境空气自动监测点位表见表 2-2。

表 2-1　哈尔滨市国控环境空气自动监测点位表

序号	点位名称	经度	纬度	功能区类别	区
1	岭北	126.542 2	45.755 0	Ⅱ	清洁对照点
2	松北商大	126.561 1	45.816 7	Ⅱ	松北区
3	阿城会宁	126.978 6	45.541 9	Ⅱ	阿城区
4	南岗学府路	126.599 4	45.722 2	Ⅱ	南岗区
5	太平宏伟公园	126.689 2	45.773 3	Ⅱ	道外区
6	道外承德广场	126.635 3	45.766 7	Ⅱ	道外区
7	香坊红旗大街	126.684 7	45.731 9	Ⅱ	香坊区
8	动力和平路	126.646 1	45.709 2	Ⅱ	香坊区
9	道里建国街	126.593 3	45.747 8	Ⅱ	道里区
10	平房东轻厂	126.615 3	45.610 0	Ⅱ	平房区
11	呼兰师专	126.595 1	45.985 3	Ⅱ	呼兰区
12	省农科院	126.608 0	45.684 0	Ⅱ	南岗区

表2-2 哈尔滨市省控环境空气自动监测点位表

序号	点位名称	经度	纬度	功能区类别	县(市)
1	五常市监测站	127.154 0	44.927 8	Ⅱ	五常市
2	尚志市监测站	127.976 5	45.193 6	Ⅱ	尚志市
3	延寿镇政府	128.359 0	45.467 0	Ⅱ	延寿县
4	巴彦县档案馆	127.365 0	46.082 7	Ⅱ	巴彦县
5	宾县西湖路	127.418 3	45.737 5	Ⅱ	宾县
6	依兰县博物馆	129.546 9	46.322 2	Ⅱ	依兰县
7	木兰县政府	128.034 9	45.951 9	Ⅱ	木兰县
8	通河县环保局	128.747 8	45.983 3	Ⅱ	通河县
9	方正县政府	128.823 1	45.842 8	Ⅱ	方正县

2.1.2 分析评价方法

环境空气质量依据《环境空气质量标准》(GB 3095—2012)、《环境空气质量指数(AQI)技术规定(试行)》(HJ 633—2012)、《环境空气质量评价技术规范(试行)》(HJ 663—2013)、《城市环境空气质量排名技术规定》进行评价,同时依据《受沙尘天气过程影响城市空气质量评价补充规定》(环办监测〔2016〕120号)等相关文件对受沙尘天气影响进行扣除。

2.2 监测结果及现状评价

2.2.1 哈尔滨市环境空气质量现状

2.2.1.1 哈尔滨市主城区空气质量现状

2020年哈尔滨市环境空气质量有效监测天数366天,达标303天,达标率82.8%。其中优148天,良155天。超标63天,其中轻度污染27天,中度污染16天,重度污染14天,严重污染6天。超标天数中首要污染物55天为细颗粒物,7天为臭氧,1天为可吸入颗粒物与细颗粒物。年度综合指数为4.44。

2.2.1.2 各区环境空气质量现状

2020年已建成环境空气自动监测站的各区有效监测天数为337~364天,优良天数比例范围为78.3%~84.0%,其中松北区最高,为84.0%,平房区最低,为78.3%。重度及以上污染天数为15~28天,其中南岗区最多,为28天,松北区最少,为15天。2020年哈尔滨市各区空气质量级别天数统计见表2-3。

表2-3 2020年哈尔滨市各区空气质量级别天数统计

单位:天

区	有效监测天数	优	良	优良比例/%	轻度污染	中度污染	重度污染	严重污染
道里区	340	141	129	79.4	38	12	15	5
道外区	364	131	174	83.8	25	15	13	6
南岗区	358	147	132	77.9	33	18	21	7
香坊区	361	139	155	81.4	33	9	19	6
平房区	346	111	160	78.3	43	7	18	7
松北区	350	163	131	84.0	24	17	11	4
呼兰区	356	154	130	79.8	38	9	18	7
阿城区	337	129	140	79.8	34	16	15	3

2.2.1.3 各县(市)环境空气质量现状

2020年各县(市)环境空气质量有效监测天数为237~352天,优良天数比例为77.8%~97.7%,其中方正县最高,为97.7%,巴彦县最低,为77.8%。重度及以上污染天数为1~23天,其中巴彦县最多,为23天,五常市最少,为1天。2020年哈尔滨市各县(市)空气质量级别天数统计见表2-4。

表2-4 2020年哈尔滨市各县(市)空气质量级别天数统计

单位:天

县(市)	有效监测天数	优	良	优良比例/%	轻度污染	中度污染	重度污染	严重污染
五常市	308	147	149	96.1	9	2	1	0
尚志市	326	152	143	90.5	23	5	1	2
巴彦县	352	141	133	77.8	38	17	14	9
宾县	327	154	124	85.0	32	9	6	2
依兰县	352	199	118	90.1	22	5	5	3
延寿县	344	146	156	87.8	30	8	3	1
木兰县	344	176	130	89.0	17	10	9	2
通河县	237	140	67	87.3	15	7	6	2
方正县	343	245	90	97.7	5	0	1	2

2.2.2 哈尔滨市全域环境空气质量污染物概况

2.2.2.1 细颗粒物(PM$_{2.5}$)

日评价:日均值浓度范围4~855 μg/m³,全年日均值达标309天,日均值达标率84.7%。

年评价:年均浓度 47 μg/m³,超年二级标准 0.34 倍,日均值第 95 百分位浓度 157 μg/m³,超日二级标准 1.09 倍,总体评价超标。

2.2.2.2 可吸入颗粒物(PM₁₀)

日评价:日均值浓度范围 8~630 μg/m³,全年日均值达标 340 天,日均值达标率 93.4%。

年评价:年均浓度 64 μg/m³,达年二级标准,日均值第 95 百分位浓度 179 μg/m³,超日二级标准 0.19 倍,总体评价超标。

2.2.2.3 二氧化氮(NO₂)

日评价:日均值浓度范围 10~119 μg/m³,全年日均值达标 359 天,日均值达标率 98.1%。

年评价:年均浓度 32 μg/m³,达年二级标准,日均值第 98 百分位浓度 79 μg/m³,达日二级标准,总体评价达标。

2.2.2.4 二氧化硫(SO₂)

日评价:日均值浓度范围 7~56 μg/m³,全年日均值达标 365 天,日均值达标率 100%。

年评价:年均浓度 17 μg/m³,达年二级标准,日均值第 98 百分位浓度 50 μg/m³,达日二级标准,总体评价达标。

2.2.2.5 一氧化碳(CO)

日评价:日均值浓度范围 0.3~2.7 mg/m³,全年日均值达标 365 天,日均值达标率 100%。

年评价:日均值第 95 百分位浓度 1.4 mg/m³,达年二级标准,总体评价达标。

2.2.2.6 臭氧(O₃)

日评价:日均值浓度范围 21~253 μg/m³,全年日均值达标 359 天,日均值达标率 98.1%。

年评价:臭氧日最大 8 小时平均第 90 百分位浓度 121 μg/m³,达年二级标准,总体评价达标。

2020 年环境空气各项污染物达标情况见表 2-5。

表 2-5 2020 年环境空气各项污染物达标情况 单位:μg/m³

指标	PM₂.₅	PM₁₀	NO₂	SO₂	CO(per95)/(mg·m⁻³)	O₃(per90)
国家二级标准(日)	75	150	80	150	4.0	160
国家二级标准(年)	35	70	40	60	—	—
日均值范围	4~855	8~630	10~119	7~56	0.3~2.7	21~253

表 2 −5(续)

指标	PM₂.₅	PM₁₀	NO₂	SO₂	CO(per95)/(mg·m⁻³)	O₃(per90)
日均值达标率/%	84.7	93.4	98.1	100	100	98.1
年均值	47	64	32	17	—	—
日均值第 X 百分位数	157	179	79	50	1.4	121
污染物年评价	超标	超标	达标	达标	达标	达标

注:日均值第 X 百分位数按照《环境空气质量评价技术规范(试行)》(HJ 663—2013),二氧化氮、二氧化硫对应 X 为 98,PM₂.₅、PM₁₀、一氧化碳对应 X 为 95,臭氧日最大 8 小时平均 X 为 90。

2.2.3 国控监测点位主要污染物概况

2.2.3.1 细颗粒物

2020 年哈尔滨市 11 个国控监测点位细颗粒物年均浓度范围为 41 ~ 55 μg/m³,最高为省农科院点位,最低为松北商大点位,均超过二级标准。2020 年哈尔滨市国控监测点位细颗粒物年均浓度如图 2 −1 所示。

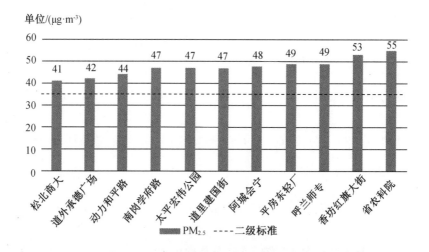

图 2 −1　2020 年哈尔滨市国控监测点位细颗粒物年均浓度

2.2.3.2 可吸入颗粒物

2020 年哈尔滨市 11 个国控监测点位可吸入颗粒物年均浓度范围在 56 ~ 76 μg/m³,最高为省农科院点位,最低为南岗学府路点位,除太平宏伟公园点位、省农科院点位超过二级标准外,其他点位均达到二级标准。2020 年哈尔滨国控监测点位可吸入颗粒物年均浓度如图 2 −2 所示。

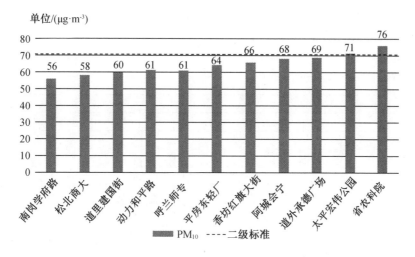

图 2-2　2020 年哈尔滨国控监测点位可吸入颗粒物年均浓度

2.2.3.3　二氧化氮

2020 年哈尔滨市 11 个国控监测点位二氧化氮年均浓度范围在 24 ~ 38 μg/m³,最高为道外承德广场点位,最低为阿城会宁点位,各点位均达到二级标准。2020 年哈尔滨市国控监测点位二氧化氮年均浓度如图 2-3 所示。

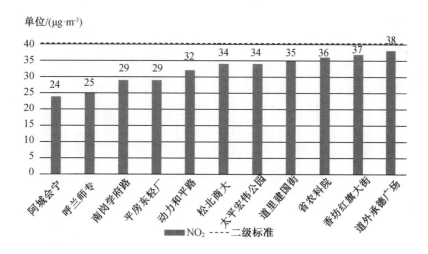

图 2-3　2020 年哈尔滨市国控监测点位二氧化氮年均浓度

2.2.3.4　二氧化硫

2020 年哈尔滨市 11 个国控监测点位二氧化硫年均浓度范围在 14 ~ 22 μg/m³,最高为省农科院点位,最低为松北商大点位,各点位均达到二级标准。2020 年哈尔滨市国控监测点位二氧化硫年均浓度如图 2-4 所示。

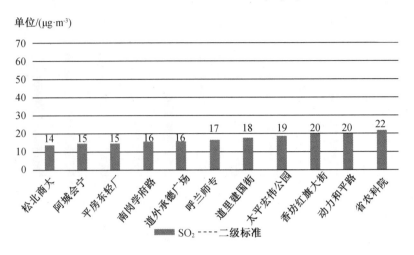

图 2 - 4 2020 年哈尔滨市国控监测点位二氧化硫年均浓度

2.2.3.5 一氧化碳

2020 年哈尔滨市 11 个国控监测点位一氧化碳日均值第 95 百分位浓度范围在 1.1 ~ 1.9 mg/m³,最高为省农科院点位,最低为松北商大点位,各点位均达到二级标准。2020 年哈尔滨市国控监测点位一氧化碳第 95 百分位数如图 2 - 5 所示。

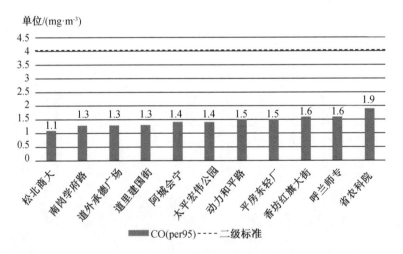

图 2 - 5 2020 年哈尔滨市国控监测点位一氧化碳第 95 百分位数

2.2.3.6 臭氧

2020 年哈尔滨市 11 个国控监测点位臭氧日最大 8 小时平均第 90 百分位浓度范围在 115 ~ 140 μg/m³,最高为平房东轻厂点位,最低为松北商大、省农科院点位,各点位均达到二级标准。2020 年哈尔滨市国控监测点位臭氧第 90 百分位数如图 2 - 6 所示。

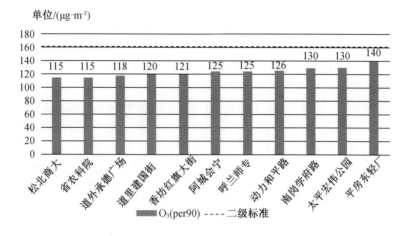

图 2-6　2020 年哈尔滨市国控监测点位臭氧第 90 百分位数

2.2.4　各区、县（市）主要污染物概况

2.2.4.1　各区主要污染物概况

2020 年已建成空气自动监测站的各区细颗粒物浓度值范围为 41 ~ 51 $\mu g/m^3$,各区均未达到年二级标准;可吸入颗粒物浓度值范围为 58 ~ 69 $\mu g/m^3$,各区均达到年二级标准;二氧化氮浓度值范围为 24 ~ 36 $\mu g/m^3$,各区均达到年二级标准;二氧化硫浓度值范围在 14 ~ 20 $\mu g/m^3$,各区均达到年二级标准;一氧化碳第 95 百分位数浓度值范围为 1.1 ~ 1.6 mg/m^3,各区均达日二级标准;臭氧日最大 8 小时平均第 90 百分位数浓度值范围为 115 ~ 140 $\mu g/m^3$,各区均达到日二级标准。2020 年各区环境空气质量六项污染物浓度统计见表 2-6。

表 2-6　2020 年各区环境空气质量六项污染物浓度统计　　　　　单位:$\mu g/m^3$

区	$PM_{2.5}$	PM_{10}	NO_2	SO_2	CO(per95)/(mg · m^{-3})	O_3 (per90)
道里区	47	60	35	18	1.3	120
道外区	44	69	36	17	1.4	122
南岗区	51	68	34	20	1.6	118
香坊区	47	63	34	20	1.5	124
平房区	49	64	29	15	1.5	140
松北区	41	58	34	14	1.1	115
呼兰区	49	61	25	17	1.6	125
阿城区	48	68	24	15	1.4	125

2.2.4.2 各县(市)环境空气主要污染物概况

2020 年各县(市)细颗粒物浓度值范围为 18 ~ 48 μg/m³,除巴彦县外其他县(市)均达到年二级标准;可吸入细颗粒物浓度值范围为 33 ~ 66 μg/m³,各县(市)均达到年二级标准;二氧化氮浓度值范围为 11 ~ 20 μg/m³,各县(市)均达到年二级标准;二氧化硫浓度值范围为 5 ~ 15 μg/m³,各县(市)均达到年二级标准;一氧化碳第 95 百分位数浓度值范围为 1.3 ~ 3.2 mg/m³,各县(市)均达日二级标准;臭氧日最大 8 小时平均第 90 百分位数浓度值范围为 84 ~ 139 μg/m³,各县(市)均达到日二级标准。2020 年各县(市)环境空气质量六项污染物浓度统计见表 2 - 7。

表 2 - 7 2020 年各县(市)环境空气质量六项污染物浓度统计　　　　单位:μg/m³

县(市)	$PM_{2.5}$	PM_{10}	NO_2	SO_2	CO(per95)/(mg·m⁻³)	O_3(per90)
五常市	18	37	19	15	3.2	105
尚志市	28	55	14	7	1.4	122
巴彦县	48	66	19	10	1.6	128
宾 县	30	41	14	5	1.4	139
依兰县	35	46	15	7	1.5	105
延寿县	32	58	11	7	1.6	124
木兰县	32	45	20	10	2.5	111
通河县	34	53	13	12	1.3	84
方正县	22	33	17	8	1.8	104

2.2.5 现状评价

2.2.5.1 综合指数评价

2020 年哈尔滨市环境空气质量综合指数为 4.44。六项污染物贡献最大的为细颗粒物,分指数为 1.34。各区环境空气质量综合指数范围为 4.08 ~ 4.75,最高为南岗区,最低为松北区。各县(市)环境空气质量综合指数范围为 2.75 ~ 4.16,最高为巴彦县,最低为方正县。2020 年哈尔滨市环境空气质量综合指数评价统计表见表 2 - 8。2020 年哈尔滨市各区环境空气质量综合指数如图 2 - 7 所示,2020 年哈尔滨市各县(市)环境空气质量综合指数如图 2 - 8 所示。

表 2 - 8 2020 年哈尔滨市环境空气质量综合指数评价统计表

指标	$PM_{2.5}$ 分指数	PM_{10} 分指数	NO_2 分指数	SO_2 分指数	CO(per95) 分指数	O_3(per90) 分指数	综合指数
2020 年	1.34	0.91	0.80	0.28	0.35	0.76	4.44

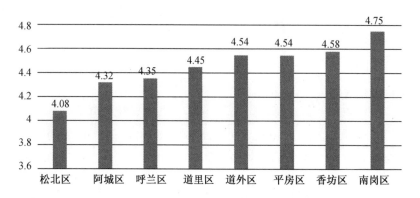

图 2 – 7 2020 年哈尔滨市各区环境空气质量综合指数

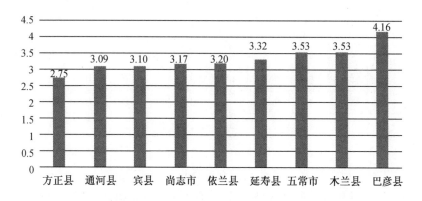

图 2 – 8 2020 年哈尔滨市各县(市)环境空气质量综合指数

2.2.5.2 首要污染物评价

2020 年哈尔滨市城区有 124 天首要污染物为细颗粒物,占全年 56.9%,其中超标 56 天;有 35 天首要污染物为可吸入颗粒物,占全年 16.1%,其中超标 1 天;有 61 天首要污染物为臭氧,占全年 28.0%,其中超标 7 天。全年有 2 天同时出现两项首要污染物均为可吸入颗粒物与细颗粒物。

11 个国控监测点位中,首要污染物天数最多的为细颗粒物,占比为 41.1%~61.1%;臭氧占比 16.4%~39.6%;可吸入颗粒物占比 3.0%~28.6%;二氧化氮占比 0%~13.8%,除阿城会宁、南岗学府路点位未出现二氧化氮为首要污染物的天数外,其他各点位均出现过二氧化氮为首要污染物的天数;各点位均未出现二氧化硫、一氧化碳为首要污染物的天数。2020 年哈尔滨市环境空气各国控监测点位首要污染物统计表见表 2 – 9。

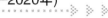

表 2-9 2020 年哈尔滨市环境空气各国控监测点位首要污染物统计表   单位:天

测点名称	首要污染物											
	$PM_{2.5}$		PM_{10}		NO_2		SO_2		CO		O_3	
	天数	占比/%	天数	占比/%	天数	占比/%	天数	占比/%	天数	占比/%	天数	占比/%
松北商大	108	57.1	20	10.6	20	10.6	0	0	0	0	41	21.7
阿城会宁	114	53.5	38	17.8	0	0	0	0	0	0	61	28.6
南岗学府路	77	57.5	4	3.0	0	0	0	0	0	0	53	39.6
太平宏伟公园	96	42.5	45	19.9	10	4.4	0	0	0	0	75	33.2
道外承德广场	95	41.1	66	28.6	32	13.8	0	0	0	0	38	16.5
香坊红旗大街	102	50.5	26	12.9	13	6.4	0	0	0	0	61	30.2
动力和平路	105	50.5	23	11.1	11	5.2	0	0	0	0	69	33.2
道里建国街	115	57.2	11	5.5	26	12.9	0	0	0	0	49	24.4
平房东轻厂	118	49.8	22	9.3	4	1.7	0	0	0	0	93	39.2
呼兰师专	124	61.1	19	9.4	1	0.4	0	0	0	0	59	29.1
省农科院	121	53.8	52	23.1	15	6.7	0	0	0	0	37	16.4

2020 年哈尔滨市已建成空气自动监测站的各区环境空气质量首要污染物主要为细颗粒物、臭氧和可吸入颗粒物。道里区、松北区等有个别首要污染物为二氧化氮。

2020 年哈尔滨市各县(市)环境空气质量首要污染物天数主要为细颗粒物、可吸入颗粒物、臭氧和一氧化碳。五常市、木兰县、通河县个别天数首要污染物为二氧化氮、二氧化硫。

2.2.5.3 重污染天气评价

2020 年哈尔滨市共出现重污染天气过程 7 次,重度及以上污染天气 20 天,其中重度污染 14 天,严重污染 6 天,首要污染物为细颗粒物的为 20 次,可吸入颗粒物的为 1 次。重污染天气主要集中在上半年供暖期(1—2 月),4 月份重污染为焚烧秸秆导致。2020 年哈尔滨市重污染天气统计表见表 2-10。2020 年 1—12 月哈尔滨市重污染天气统计如图 2-9 所示。

表 2-10 2020 年哈尔滨市重污染天气统计表

序号	起止时间	重度污染时间	影响日期及环境空气质量	首要污染物	AQI指数峰值
1	1 月 2 日 17 时—1 月 6 日 21 时	55 小时	3 日为中度污染,4 日为严重污染,2 日、5 日、6 日为中度污染	$PM_{2.5}$	407
2	1 月 9 日 17 时—1 月 21 日 1 时	224 小时	21 日为良,9 日、10 日为中度污染,12、13 日、15—19 日为重度污染,11、14、20 日为严重污染	$PM_{2.5}$	411

表 2 – 10（续）

序号	起止时间	重度污染时间	影响日期及环境空气质量	首要污染物	AQI指数峰值
3	1 月 24 日 23 时—1 月 28 日 15 时	47 小时	24 日为良,25 日、27 日、28 日为中度污染,26 日为重度污染	PM$_{2.5}$	288
4	1 月 30 日 21 时—2 月 1 日 13 时	27 小时	1 月 31 日和 2 月 1 日为重度污染	PM$_{2.5}$	315
5	4 月 6 日 4 时—4 月 6 日 10 时	7 小时	6 日为重度污染	PM$_{2.5}$	500
6	4 月 13 日 1 时—4 月 14 日 12 时	23 小时	13 日、14 日为重度污染	PM$_{2.5}$	418
7	4 月 16 日 20 时—4 月 19 日 13 时	63 小时	16 日为良,19 日为中度污染,17 日、18 日为严重污染	PM$_{2.5}$	500

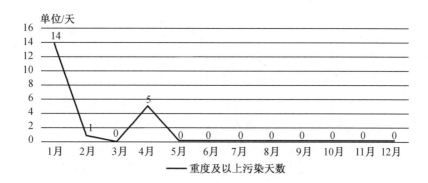

图 2 – 9　2020 年 1—12 月哈尔滨市重污染天气统计

2.3　环境空气质量时空变化规律

2.3.1　"十三五"时间变化规律

2.3.1.1　空气质量级别年度变化情况

"十三五"期间,哈尔滨市环境空气优良天数总体向好,2018—2020 年环境空气质量优良天数达到 300 天以上,比例达 80% 以上,2020 年环境空气质量优良天数较 2016 年增加 21 天。环境空气质量超标天数呈线性下降趋势,重度及以上污染天数由于受气象条件、秸秆焚烧等不利条件影响,部分年度波动较大,呈略微上扬趋势。"十三五"各年哈尔滨市环境空气优良天数及优良比例如图 2 – 10 所示。

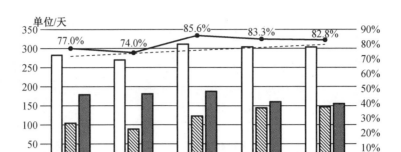

图 2-10 "十三五"各年哈尔滨市环境空气优良天数及优良比例

2.3.1.2 主要污染物年度变化情况

"十三五"期间,哈尔滨市六项污染物中细颗粒物、可吸入颗粒物、二氧化氮、二氧化硫、一氧化碳第95百分位数均呈线性下降趋势,臭氧日最大8小时平均第90百分位数略有上升趋势。其中细颗粒物各年均值超过国家二级标准,受2019年末至2020年初供暖期极端不利气象条件影响,2019年、2020年年均值、日均值最大值有所升高,日均值达标率略微下降;可吸入颗粒物2018—2020年年均值达到国家二级标准,日均值最大值、日均值达标率波动较大;二氧化氮2018—2020年年均值达到国家二级标准,日均值范围较为稳定,日均值达标率呈上升趋势;二氧化硫各年均值达到国家二级标准,日均值最大值逐年下降,日均值达标率均为100%;一氧化碳第95百分位数各年均值达到国家二级标准,日均值范围较稳定,日均值达标率均为100%;臭氧日最大8小时平均第90百分位数各年均值达到国家二级标准,日均值最大值有上升趋势,日均值达标率较稳定。"十三五"哈尔滨市环境空气质量六项污染物年际变化如图2-11所示。"十三五"哈尔滨市环境空气质量六项污染物日均值统计见表2-11。

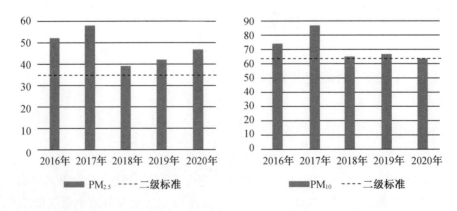

图 2-11 "十三五"哈尔滨市环境空气质量六项污染物年际变化

注:CO单位为 mg/m³,其他单位为 μg/m³。

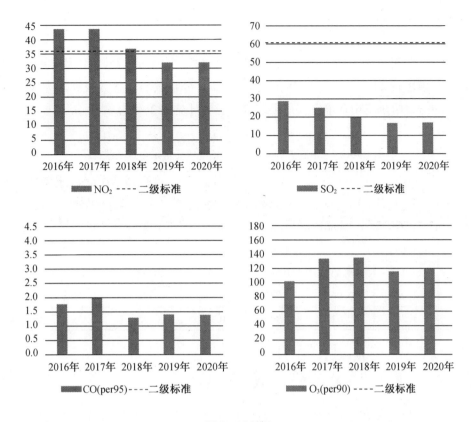

图 2 - 11(续)

表 2 - 11　"十三五"哈尔滨市环境空气质量六项污染物日均值统计　　单位：$\mu g/m^3$

污染物	数据类别	2016 年	2017 年	2018 年	2019 年	2020 年
$PM_{2.5}$	日均值范围	8 ~ 653	7 ~ 455	2 ~ 262	4 ~ 379	4 ~ 855
	日均值达标率/%	78.4	78.4	88.1	87.2	84.7
PM_{10}	日均值范围	14 ~ 622	14 ~ 478	13 ~ 409	9 ~ 386	8 ~ 630
	日均值达标率/%	92.6	87.1	96.1	92.4	93.4
NO_2	日均值范围	17 ~ 136	13 ~ 133	14 ~ 92	11 ~ 82	10 ~ 119
	日均值达标率/%	97.8	94.8	99.7	99.7	98.1
SO_2	日均值范围	3 ~ 104	4 ~ 112	4 ~ 83	6 ~ 49	7 ~ 56
	日均值达标率/%	100	100	100	100	100
CO /($mg \cdot m^{-3}$)	日均值范围	0.6 ~ 3.3	0.3 ~ 3.6	0.4 ~ 2.5	0.4 ~ 2.4	0.3 ~ 2.7
	日均值达标率/%	100	100	100	100	100
O_3	日均值范围	16 ~ 167	27 ~ 229	24 ~ 222	13 ~ 199	21 ~ 253
	日均值达标率/%	99.2	95.6	96.7	97.8	98.1

2.3.1.3 综合指数年度变化情况

"十三五"期间,哈尔滨市环境空气质量综合指数为4.31~5.75,整体呈波动下降趋势。2020年综合指数较2016年下降0.78,降幅14.9%。分指数历年指数最高均为细颗粒物分指数。"十三五"哈尔滨市环境空气质量综合指数统计见表2-12。

表2-12 "十三五"哈尔滨市环境空气质量综合指数统计

指标	$PM_{2.5}$ 分指数	PM_{10} 分指数	NO_2 分指数	SO_2 分指数	CO(per95) 分指数	O_3(per90) 分指数	综合指数
2016 年	1.49	1.06	1.10	0.48	0.45	0.64	5.22
2017 年	1.66	1.24	1.10	0.42	0.50	0.83	5.75
2018 年	1.11	0.93	0.92	0.33	0.32	0.85	4.46
2019 年	1.20	0.96	0.80	0.28	0.35	0.72	4.31
2020 年	1.34	0.91	0.80	0.28	0.35	0.76	4.44

2.3.1.4 各区空气质量级别年度变化情况

"十三五"期间,哈尔滨市已建成空气自动监测站的各区环境空气优良天数比例均呈上升趋势,其中2017年均为"十三五"期间最低值,道外区优良天数较多。各区重度及以上污染天数2017年、2020年较多,与全市情况一致。南岗区重污染天数较其他各区多。"十三五"哈尔滨市各区环境空气优良天数及优良比例,见表2-13。

表2-13 "十三五"哈尔滨市各区环境空气优良天数及优良比例

区	2016 年 优良天数/天	2016 年 优良比例/%	2017 年 优良天数/天	2017 年 优良比例/%	2018 年 优良天数/天	2018 年 优良比例/%	2019 年 优良天数/天	2019 年 优良比例/%	2020 年 优良天数/天	2020 年 优良比例/%
道里区	258	76.8	252	73.0	283	81.8	289	82.8	270	79.4
道外区	281	76.8	267	73.2	311	85.9	298	81.6	305	83.8
南岗区	246	70.1	230	65.0	170	70.8	296	81.1	279	77.9
香坊区	270	73.8	272	74.7	302	85.3	304	83.3	294	81.4
平房区	266	77.1	241	70.7	281	83.1	268	80.0	271	78.3
松北区	267	78.8	252	73.9	289	88.9	291	83.1	294	84.0
呼兰区	261	74.1	245	72.5	279	79.9	291	81.5	284	79.8
阿城区	255	73.9	262	75.7	302	85.3	269	78.7	269	79.8

注:2018 年南岗区有效监测天数为240 天。

2.3.1.5 各区主要污染物年度变化情况

"十三五"期间,哈尔滨市已建成空气自动监测站的各区六项污染物中,二氧化硫、一氧化碳第95百分位数、臭氧日最大8小时平均第90百分位数均达到国家二级标准。二氧化氮道里区、道外区、南岗区、香坊区、松北区个别年份存在超标情况。可吸入颗粒物各区均存在个别年份超标情况。细颗粒物仅松北区2018年达到国家二级标准。

主要污染物细颗粒物各区呈波动下降趋势,2018年为"十三五"期间最低值,2019年、2020年略微升高。南岗区细颗粒物历年年均浓度均为各区最高值。"十三五"哈尔滨市各区细颗粒物年度均值见表2-14。

表2-14 "十三五"哈尔滨市各区细颗粒物年度均值　　　　　　　单位:μg/m³

区	2016年	2017年	2018年	2019年	2020年
道里区	45	56	41	44	47
道外区	52	58	37	39	44
南岗区	56	64	58	45	51
香坊区	55	60	39	40	47
平房区	49	59	40	44	49
松北区	46	49	33	38	41
呼兰区	55	59	41	41	49
阿城区	51	55	39	43	48

2.3.1.6 "十三五"供暖期与非供暖期对比

哈尔滨市供暖期为当年1月1日—4月20日,上年的10月20日—12月31日。非供暖期为4月21日—10月19日。"十三五"期间,哈尔滨市供暖期有效监测天数共计914天,其中优良天数612天,占比67.0%,重度及以上污染天数81天,占比8.9%。非供暖期有效监测天数共910天,其中优良天数857天,占比94.2%,较供暖期高27.2个百分点,重度及以上污染天数3天,占比0.3%,较供暖期少8.6个百分点。各年供暖期优良天数呈上升趋势,非供暖期较为稳定。重度及以上污染天数除2017年外都集中在供暖期。"十三五"哈尔滨市供暖期与非供暖期各类天数对比如图2-12所示。

"十三五"期间,哈尔滨市供暖期和非供暖期环境空气质量六项污染物除臭氧日最大8小时平均第90百分位数浓度值非供暖期高外,其他五项污染物浓度均为供暖期高,非供暖期臭氧日最大8小时平均第90百分位数为134 μg/m³,是供暖期的1.4倍。供暖期细颗粒物、可吸入颗粒物、二氧化氮、二氧化硫和一氧化碳第95百分位数浓度较高,分别是非供暖期的3.3倍、2.0倍、1.5倍、3.7倍和1.8倍。其中供暖期细颗粒物、可吸入颗粒物、二氧化氮浓度值超出国家二级标准,其他指标符合国家二级标准。"十三五"哈尔滨市供暖期与非供暖期六项污染物浓度对比如图2-13所示。

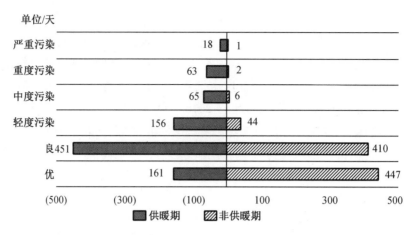

图2-12 "十三五"哈尔滨市供暖期与非供暖期各类天数对比

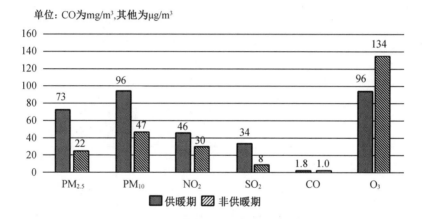

图2-13 "十三五"哈尔滨市供暖期与非供暖期六项污染物浓度对比

2.3.1.7 "十三五"各月对比

"十三五"期间,哈尔滨市各月环境空气优良天数比例呈现"中间多,头尾少"的规律。5—6月优良天数比例超过80%,比例最高的为8月,优良天数比例为100%。比例最低的为1月,优良天气比例为42.6%。重污染天气主要集中出现在供暖期1—4月、10—12月。"十三五"哈尔滨市1—12月环境空气质量各级别天数比例如图2-14所示。

"十三五"期间,哈尔滨市环境空气除臭氧外的五项污染物月均值全年均呈U形变化,与之相反,臭氧呈倒U形变化。其中细颗粒物1—8月逐渐降低,9—12月逐渐升高,污染多出现在供暖期,1—4月、9—12月均值超过二级标准,其他月份达到二级标准;可吸入颗粒物1—8月逐渐降低,9—12月逐渐升高,污染多出现在供暖期,1—4月、10—12月均值超过二级标准,其他月份达到二级标准;二氧化氮1—8月逐渐降低,9—12月逐渐升高,污染多出现在1—3月及12月,1—3月、11—12月均值超过二级标准,其他月份达到二级标准;二氧化硫1—5月逐渐降低,6—8月保持平稳,9—12月逐渐升高,1—12月份浓度值均达到二级标准;一氧化碳第 95 百分位数 1—8 月逐渐降低,9—12 月逐渐升高,1—12 月份浓度值均达到二级标准;臭氧日最大 8 小时平均第 90 百分位数 1—5 月逐渐升高,6—12 月逐渐降低,1—12 月份浓度值均达到二级标准。"十三五"哈尔滨市 1—12 月环境空气质量六项污染物浓度值变化如图 2-15 所示。

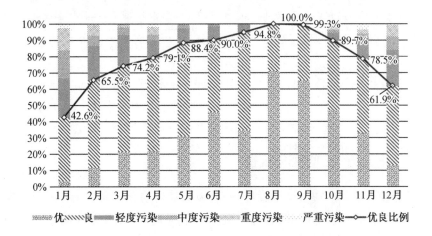

图 2-14 "十三五"哈尔滨市 1—12 月环境空气质量各级别天数比例

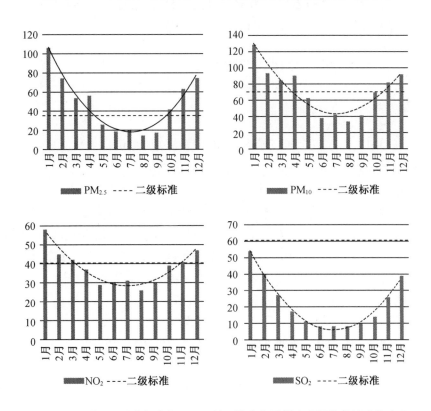

图 2-15 "十三五"哈尔滨市 1—12 月环境空气质量六项污染物浓度值变化

注:CO 单位为 mg/m³,其他单位为 μg/m³。

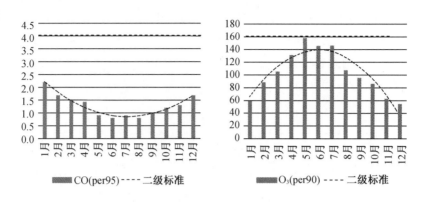

图 2 – 15(续)

2.3.2 "十三五"空间变化规律

"十三五"期间,哈尔滨市城区细颗粒物、可吸入颗粒物和一氧化碳空间变化呈现东高、西低的特征,其中道里区浓度值最低,香坊区浓度值最高;二氧化氮空间变化呈现中部高、四周低的特征,其中香坊区、松北区浓度值最低,道里区浓度值最高;二氧化硫空间变化呈现中部低、四周高的特征,其中道里区浓度值最低,阿城区浓度值最高;臭氧空间变化呈现中部高、四周低的特征,其中道里区值最低,道外区值最高。

2.3.3 "十三五"与"十二五"时间变化

2.3.3.1 空气质量级别变化

与"十二五"相比,"十三五"期间哈尔滨市环境空气质量优良天数明显增加,重度及以上污染天数明显减少。优良比例从"十二五"期间的65.0%上升至"十三五"期间的80.5%,上升15.5个百分点。重度及以上污染天数比例从12.6%下降至4.6%,下降8.0个百分点。2013—2020年优良天数比例呈波动上升趋势,污染天数呈波动下降趋势。

2020年较2015年空气质量大幅好转,2020年优良天数较2015年增加76天,优良比例升高19.7个百分点;重度及以上污染天数较2015年减少22天,减少6.2个百分点(由于环境空气新标准实施,"十二五"期间数据采用2013—2015年数据进行统计)。2013—2020年哈尔滨市环境空气质量各级别天数统计表见表2 – 15。

表 2 – 15　2013—2020 年哈尔滨市环境空气质量各级别天数统计表　　　　单位:天

年份	有效天数	优	良	轻度污染	中度污染	重度污染	严重污染	优良比例/%	重度及以上污染天数比例/%
2013 年	365	42	197	54	17	37	18	65.5	15.1
2014 年	365	60	182	42	41	30	10	66.3	11.0
2015 年	360	84	143	71	20	31	11	63.1	11.7

表 2 – 15（续）

年份	有效天数	优	良	轻度污染	中度污染	重度污染	严重污染	优良比例/%	重度及以上污染天数比例/%
2016 年	366	104	178	56	19	8	1	77.0	2.5
2017 年	365	89	181	49	16	21	9	74.0	8.2
2018 年	362	123	187	35	9	7	1	85.6	2.2
2019 年	365	144	160	33	11	15	2	83.3	4.7
2020 年	366	148	155	27	16	14	6	82.8	5.5
"十二五"	1 090	186	522	167	78	98	39	65.0	12.6
"十三五"	1 824	608	861	200	71	65	19	80.5	4.6

注："十二五"期间从 2013 年开始计算。

2.3.3.2 主要污染物变化情况

与"十二五"相比,"十三五"期间哈尔滨市细颗粒物年均浓度下降 26 μg/m³,降幅 35.1%,2013—2020 年哈尔滨市细颗粒物浓度呈波动下降趋势,各年年均值均超过国家二级标准;可吸入颗粒物年均浓度下降 40 μg/m³,降幅 36.0%,2013—2020 年哈尔滨市可吸入颗粒物浓度呈波动下降趋势,2016 年、2018—2020 年年均值达到国家二级标准;二氧化氮年均浓度下降 15 μg/m³,降幅 28.3%,2013—2020 年哈尔滨市二氧化氮浓度呈波动下降趋势,2018—2020 年年均值达到国家二级标准;二氧化硫年均浓度下降 25 μg/m³,降幅 53.2%,2013—2020 年哈尔滨市二氧化硫浓度呈下降趋势,各年年均值达到国家二级标准;一氧化碳第 95 百分位数均值下降 0.3 mg/m³,降幅 15.8%,2013—2020 年哈尔滨市一氧化碳第 95 百分位数呈波动下降趋势,各年百分位数达到国家二级标准;臭氧日最大 8 小时平均第 90 百分位数上升 26 μg/m³,升幅 27.1%,2013—2020 年哈尔滨市臭氧日最大 8 小时平均第 90 百分位数呈上升趋势,各年百分位数达到国家二级标准。

与 2015 年相比,2020 年细颗粒物浓度下降 23 μg/m³,降幅 32.9%;可吸入颗粒物浓度下降 39 μg/m³,降幅 37.9%;二氧化氮浓度下降 19 μg/m³,降幅 37.3%;二氧化硫浓度下降 23 μg/m³,降幅 57.5%;一氧化碳第 95 百分位数下降 0.4 mg/m³,降幅 22.2%;臭氧日最大 8 小时平均第 90 百分位数上升 15 μg/m³,升幅 14.2%。哈尔滨市环境空气"十三五"与"十二五"六项污染物浓度对比见表 2 – 16。2013—2020 年哈尔滨市环境空气质量六项污染物浓度值变化如图 2 – 16 所示。

表 2 – 16　哈尔滨市环境空气"十三五"与"十二五"六项污染物浓度对比　　　　单位:μg/m³

指标	PM₂.₅	PM₁₀	NO₂	SO₂	CO(per95) /(mg·m⁻³)	O₃ (per90)
"十二五"	74	111	53	47	1.9	96
"十三五"	48	71	38	22	1.6	122

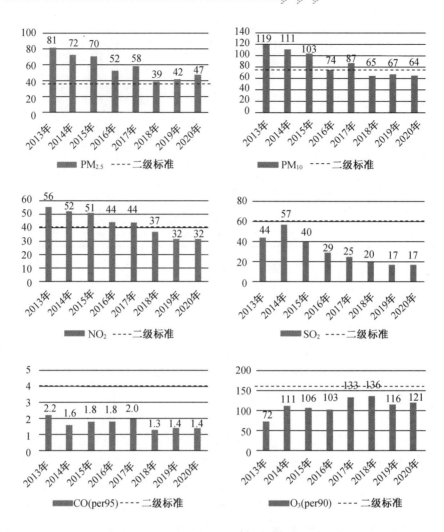

图 2 - 16 2013—2020 年哈尔滨市环境空气质量六项污染物浓度值变化

注:CO 单位为 mg/m³,其他单位为 μg/m³。

2.3.3.3 综合指数变化情况

与"十二五"相比,"十三五"期间哈尔滨市环境空气质量综合指数下降 2.02,环境空气质量好转。2013—2020 年环境空气质量综合指数呈下降趋势。2020 年较 2015 年下降 2.09。各年分指数贡献率最高项均为细颗粒物。2013—2020 年哈尔滨市环境空气质量综合指数统计表见表 2 - 17。

表 2 - 17 2013—2020 年哈尔滨市环境空气质量综合指数统计表

指标	PM₂.₅ 分指数	PM₁₀ 分指数	NO₂ 分指数	SO₂ 分指数	CO(per95) 分指数	O₃(per90) 分指数	综合指数
2013 年	2.31	1.70	1.40	0.73	0.55	0.45	7.14

表 2 – 17（续）

指标	PM$_{2.5}$ 分指数	PM$_{10}$ 分指数	NO$_2$ 分指数	SO$_2$ 分指数	CO（per95） 分指数	O$_3$（per90） 分指数	综合指数
2014 年	2.06	1.59	1.30	0.95	0.40	0.69	6.99
2015 年	2.00	1.47	1.28	0.67	0.45	0.66	6.53
2016 年	1.49	1.06	1.10	0.48	0.45	0.64	5.22
2017 年	1.66	1.24	1.10	0.42	0.50	0.83	5.75
2018 年	1.11	0.93	0.92	0.33	0.32	0.85	4.46
2019 年	1.20	0.96	0.80	0.28	0.35	0.72	4.31
2020 年	1.34	0.91	0.80	0.28	0.35	0.76	4.44
"十二五"	2.11	1.59	1.32	0.78	0.48	0.60	6.88
"十三五"	1.37	1.01	0.95	0.37	0.40	0.76	4.86

2.3.4 "十三五"与"十二五"空间变化

"十二五"期间,哈尔滨市城区细颗粒物空间变化呈现东高西低的特征,空间变化规律与"十三五"相同,整体浓度值高于"十三五";可吸入颗粒物空间变化呈现局部地区较高、其他地区较为平均的特征,空间变化规律与"十三五"基本相同(除平房区"十三五"有明显改善),整体浓度值高于"十三五";二氧化氮空间变化呈现东高西低的特征,空间变化规律与"十三五"不同,道里区浓度值较其他区下降幅度较小,整体浓度值高于"十三五";二氧化硫空间变化呈现东北部高、其他地区低的特征,空间变化规律与"十三五"不同,各区变化幅度都较大,导致空间变化规律有所改变,整体浓度值高于"十三五";一氧化碳空间变化呈现西低、东高的特征,空间变化规律与"十三五"相同,整体浓度值高于"十三五";臭氧空间变化呈现中部高、四周低的特征,空间变化规律与"十三五"相同,整体浓度值低于"十三五"。

2.4 相关性分析

2.4.1 环境空气六项污染物及优良比例相关性分析

使用皮尔逊相关系数法和斯皮尔曼相关系数法对近7年环境空气六项污染及优良比例月度数据任意变量间的相关程度进行分析,得出细颗粒物和可吸入颗粒物、臭氧和一氧化碳两变量之间呈现高度正相关性,一氧化碳、臭氧和可吸入颗粒物、二氧化氮指标间均呈现高度正相关性,优良比例和细颗粒物、可吸入颗粒物、二氧化硫呈现高度负相关性,优良比例与二氧化氮、一氧化碳呈现显著负相关性。环境空气六项污染物及优良比例相关系数见表 2 – 18。

表2-18　环境空气六项污染物及优良比例相关系数

指标	PM$_{2.5}$	PM$_{10}$	NO$_2$	SO$_2$	CO (per95)	O$_3$ (per90)	优良比例
PM$_{2.5}$	1	0.820	0.618	−0.586	0.763	0.785	−0.890
PM$_{10}$		1	0.795	−0.607	0.842	0.880	−0.888
NO$_2$			1	−0.476	0.849	0.823	−0.767
SO$_2$				1	−0.528	−0.507	−0.814
CO(per95)					1	0.966	−0.794
O$_3$(per90)						1	0.435
优良比例							1

注:高度相关($0.8 \leqslant |r| < 1$);显著相关($0.5 \leqslant |r| < 0.8$);中度相关($0.3 \leqslant |r| < 0.5$);微弱相关($0 < |r| < 0.3$)。

2.4.2　环境空气六项污染物与社会经济指标相关性分析

利用灰色关联分析模型对环境空气六项污染物、优良比例与社会经济指标进行关联度计算,得出货物运输总量与除臭氧外五项污染物关联度均达到最大,表明货物运输总量与五项污染物具有较强的相关性。人口数和第二产业与除臭氧外五项污染物的关联度次之,表明其间也具有较好的相关性。环境空气六项污染物与社会经济指标相关性见表2-19。

表2-19　环境空气六项污染物与社会经济指标相关性

指标	第一产业	第二产业	第三产业	人口	用电量	汽车保有量	货物运输总量
PM$_{2.5}$	0.76	0.81	0.68	0.82	0.75	0.54	0.92
PM$_{10}$	0.77	0.82	0.68	0.83	0.76	0.54	0.92
NO$_2$	0.80	0.85	0.70	0.86	0.78	0.55	0.91
SO$_2$	0.76	0.79	0.68	0.79	0.74	0.58	0.86
CO(per95)	0.78	0.84	0.68	0.84	0.76	0.53	0.90
O$_3$(per90)	0.61	0.57	0.72	0.56	0.62	0.76	0.49
优良比例	0.83	0.81	0.81	0.82	0.94	0.53	0.65

2.4.3　冬季环境空气污染物浓度与气象要素相关性分析

在污染物排放量基本不变的情况下,不利气象条件使大气污染物水平和垂直扩散能力下降,加剧了污染物在城市中产生累积叠加效应。为更进一步掌握哪些气象要素对环境空气质量影响更大,本书根据近7年哈尔滨市冬季环境空气污染物浓度和对应气象要素数据进行了主成分分析和相关性分析。

首先将环境空气污染物浓度和气象要素两组变量分别进行主成分分析,对多个变量进行降维处理后得到气象要素主要典型变量为地面温度、逆温厚度和地面风速,三个要素累计贡献率超过80%,三者与主成分相关系数分别为 −0.880、0.867、−0.822,均通过显著性检验;污染物浓度主要典型变量为细颗粒物和可吸入颗粒物,两个要素累计贡献率超过80%,二者与主成分相关系数分别为 0.925 和 0.939,均通过显著性检验。气象要素主成分分析结果见表 2 – 20,环境空气污染物浓度主成分分析结果见表 2 – 21。

表 2 – 20　气象要素主成分分析结果

气象要素	相关性	特征值	贡献率/%	累积贡献率/%
地面温度	− 0.880	4.512	64.46	64.46
逆温厚度	0.867	0.921	13.16	77.61
地面风速	− 0.822	0.731	10.44	88.05
地面气压	0.886	0.382	5.46	93.51
逆温强度	0.796	0.236	3.37	96.88
地面湿度	0.722	0.127	1.82	98.70
逆温天数	0.607	0.091	1.30	100

表 2 – 21　环境空气污染物浓度主成分分析结果

污染物浓度	相关性	特征值	贡献率/%	累积贡献率/%
细颗粒物	0.925	3.333	66.66	66.66
可吸入颗粒物	0.939	1.02	20.40	87.064
二氧化氮	0.824	0.409	8.19	95.25
二氧化硫	0.770	0.208	4.47	99.42
一氧化碳	0.567	0.029	0.58	100

利用皮尔逊积矩统计方法对近 7 年哈尔滨市冬季各月污染物浓度和气象要素任意变量之间的相关程度进行分析,得出颗粒物浓度与逆温厚度、逆温强度有很好的正相关,与地面温度和地面风速有很好的负相关,即在静稳天气下逆温强度越强、逆温厚度越厚及地面风速越小、气温较低越不利于污染物的扩散,使得颗粒物的浓度不断地积聚升高;二氧化硫和二氧化氮与地面温度和地面风速有一定的相关性,一氧化碳与各气象要素均无相关性。颗粒物浓度与逆温厚度、逆温强度、地面温度、地面风速散点图如图 2 – 17 至图 2 – 20 所示。冬季环境空气质量污染物浓度与气象要素皮尔逊相关性统计表见表 2 – 22。

单位：细颗粒物μg/m³,逆温厚度m

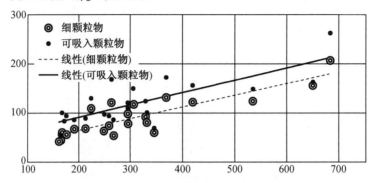

图2－17　颗粒物浓度与逆温厚度散点图

单位：细颗粒物μg/m³,逆温强度℃

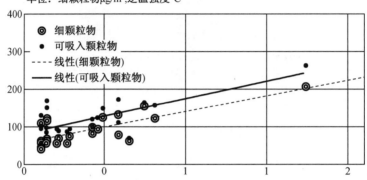

图2－18　颗粒物浓度与逆温强度散点图

单位：细颗粒物μg/m³,地面温度℃

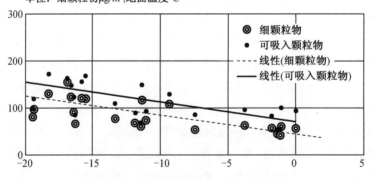

图2－19　颗粒物浓度与地面温度散点图

单位：细颗粒物μg/m³,地面风速m/s

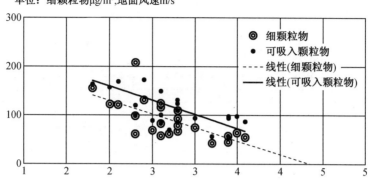

图2-20　颗粒物浓度与地面风速散点图

表2-22　冬季环境空气质量污染物浓度与气象要素皮尔逊相关性统计表

环境空气污染物	气象要素	逆温天数	逆温厚度	逆温强度	地面温度	地面湿度	地面风速
细颗粒物	相关系数	0.427	0.866	0.767	-0.722	0.414	-0.683
	置信度	0.05	0.01	0.01	0.01	0.05	0.01
	样本数	24	24	24	24	24	24
可吸入颗粒物	相关系数	0.386	0.783	0.740	-0.642	0.325	-0.616
	置信度	—	0.01	0.01	0.01	—	0.01
	样本数	24	24	24	24	24	24
二氧化硫	相关系数	0.289	0.35	0.346	-0.518	0.318	-0.578
	置信度	—	—	—	0.01	—	0.01
	样本数	24	24	24	24	24	24
二氧化氮	相关系数	0.159	0.457	0.368	-0.422	0.335	-0.441
	置信度	—	0.05	—	0.05	—	0.05
	样本数	24	24	24	24	24	24
一氧化碳	相关系数	0.123	0.329	0.208	-0.347	-0.126	-0.244
	置信度	—	—	—	—	—	—
	样本数	24	24	24	24	24	24

注："—"表示不显著相关。

2.4.4　臭氧浓度与气象要素相关性分析

基于近7年臭氧浓度与气象要素指标,使用皮尔逊相关系数法和斯皮尔曼相关系数法进行关联分析,结果表明,臭氧浓度和降水量呈现中度正相关,和气温呈现显著正相关,和气压呈现显著负相关。2016—2020年,哈尔滨市臭氧浓度、气温、降水量呈波动上升趋势,湿度和气压总体平稳,无明显变化趋势。哈尔滨市臭氧浓度与气象要素变化情况如图 2 - 21 所示,臭氧浓度与气象要素相关系数统计见表 2 - 23。

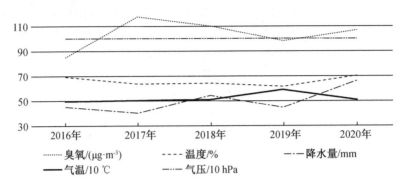

图 2 - 21　哈尔滨市臭氧浓度与气象要素变化情况

表 2 - 23　臭氧浓度与气象要素相关系数统计

指标	湿度	降水量	气温	气压
臭氧浓度	-0.1	0.47	0.69	-0.68

注:高度相关(0.8≤|r|<1);显著相关(0.5≤|r|<0.8);中度相关(0.3≤|r|<0.5);微弱相关(0<|r|<0.3)。

2.5　污染特点及原因分析

"十三五"期间,哈尔滨市环境空气质量趋势总体向好,重污染天数整体呈减少趋势,重污染程度呈下降趋势。哈尔滨市环境空气污染主要为燃煤污染,机动车排放已成为第二大贡献源。臭氧成为仅次于细颗粒物的首要污染物;供暖期污染明显高于非供暖期,冬春季污染明显高于夏秋季;中心城区污染重于周边区县,北部地区好于南部地区,香坊区、南岗区等周边低矮面源较多的点位污染相对较重。

2.5.1　供暖期污染物排放超环境承载能力为主要污染原因

哈尔滨市冬季时间长,供暖期长达 180 天以上(10 月 20 日—次年 4 月 20 日),取暖方式以燃煤为主,燃煤消费量近年来维持在每年 3 500 万 t ~ 4 000 万 t。2013—2020 年重污染天气出现在供暖期的为 209 天,占总天数的 95%。从细颗粒物源解析来看,在本地排放源中,对细颗粒物贡献最大的污染源为燃煤源,非采暖季占 17.9%,采暖季占 40.6%,采暖季远高于非采暖季;机动车排放量仅次于燃煤源,占 16% ~ 18%。由于气象原因,秋冬季大气环境容量小,燃煤污染物排放量叠加机动车排放量超出环境自净能力,成为污染的主要原因。

以 2019 年 12 月 21—25 日污染过程为例。2019 年 12 月 21 日 8 时至 12 月 24 日 22 时,哈尔滨市共出现 64 小时重度及以上污染。环境空气质量指数(AQI)范围在 203 ~ 309,

23 日20 时污染程度最重,首要污染物为细颗粒物,小时浓度均值为 259 μg/m³。2019 年 12 月 21 日 0 时—12 月 25 日 0 时 AQI 实况图如图 2 - 22 所示。

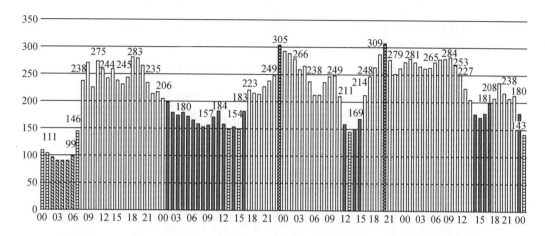

图 2 - 22 2019 年 12 月 21 日 0 时—12 月 25 日 0 时 AQI 实况图

污染前期,燃煤、机动车排放产生污染物占比较大,污染中后期,由于静稳高湿为二次颗粒物生成提供了条件,二次无机盐大量生成,占比明显上升;生物质燃烧占比较为稳定。同时颗粒物黑炭特征监测显示,各个波长段监测数据没有明显分离,显示污染主要来源为化石燃料燃烧和机动车排放,也反映了哈尔滨市冬季燃煤与机动车排放量大是产生污染的重要原因。

2.5.2 秋冬季气象条件总体不利导致重污染天气频现

秋冬季哈尔滨市整体气象扩散条件不利。哈尔滨冬季近地面层空气层结稳定,常有逆温情况出现。同时由于地理位置因素,哈尔滨市冬季易出现均压场及静稳天气,若叠加湿度大、风速小等不利气象条件,容易导致污染物累加,出现重污染天气。

以 2019 年 12 月出现的污染过程为例。21—24 日重污染过程的天气类型为冷槽减弱型和高压主体前部型及均压场型。本次重污染过程有较强逆温,水汽条件较大。21—23 日哈尔滨高空温度变化幅度小,大部分时段有较强的逆温维持;地面则持续受高压控制,处于均压场中,地面风力基本维持在 2 s/m 以下,部分时段出现静风,大气层结稳定,空气污染扩散气象条件较差。24 日白天哈尔滨地面则转为低压前部,西南或偏南风逐渐增大,湿度也相应增大,空气污染扩散气象条件继续维持较差,直至夜间随着降雪过程开始,冷空气逐渐进入,空气质量才逐渐好转,重污染逐渐减轻。2019 年 12 月 21—24 日 AQI 日均值如图 2 - 23 所示。

2.5.3 秋季秸秆焚烧及春季清除秸秆根茬产生一定影响

哈尔滨市周边农作物秸秆主要以水稻、玉米为主,秸秆焚烧时段主要集中在每年播种前的春季 4 月中下旬和秋收后 10 月中下旬至 11 月上中旬。"十三五"期间,哈尔滨市出现由焚烧秸秆及清除秸秆根茬引起的重污染天气过程8次,共造成重度及以上污染天数24天,其中重度污染14天,严重污染10天,对环境空气造成较大影响。2017年重污染发生后黑龙江省实施严格管控,实现全域、全时段、全面禁烧,2018年起秋季大面积秸秆焚烧现象得到极大改善,10—11月未再出现由本地秸秆焚烧产生的重污染天气。

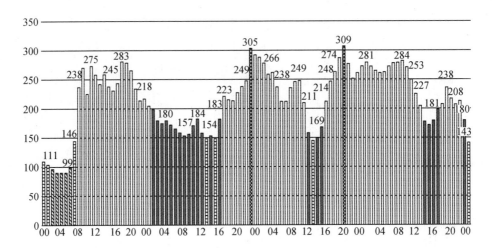

图2-23　2019年12月21—24日AQI日均值

以2017年10月31日—11月7日重污染天气过程为例。2017年10月31日—11月7日期间哈尔滨市及周边省市出现大量火点,颗粒物等污染物浓度急剧上升。2017年10月31日22时至11月7日20时,哈尔滨市出现94小时重度及以上污染天气,环境空气质量指数(AQI)范围在205至500之间。2日0时污染程度最重,首要污染物为细颗粒物,小时浓度均值为2 205 μg/m³。从整个污染过程来看,秸秆焚烧带来的污染有偶然性强、污染物浓度上升快、污染物浓度高、覆盖面广、区域传输性强、污染物清除困难等特点,相比于燃煤污染危害更严重。2017年10月31日—11月7日哈尔滨市及周边省市疑似火点统计如图2-24所示,2017年10月31日—11月7日AQI小时均值图如图2-25所示。

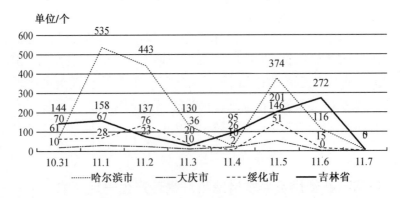

图2-24　2017年10月31日—11月7日哈尔滨市及周边省市疑似火点统计

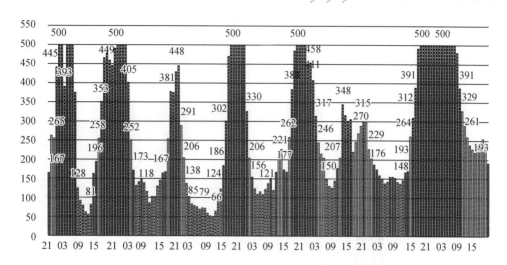

图 2-25 2017 年 10 月 31 日—11 月 7 日 AQI 小时均值图

2.5.4 区域性污染与本地排放叠加加重了重污染程度

哈尔滨市发生重污染天气,同时上风向城市也发生重污染天气,上风向地区的污染输送与本地排放污染物叠加,加重了重污染程度。

以 2019 年 12 月 26 日—29 日污染过程为例。26—29 日重污染过程历时 70 小时,共出现 53 小时重度及以上污染,其中严重污染 20 小时。AQI 小时均值在 105 至 395 之间,其中 28 日 15 时污染程度最重,首要污染物为细颗粒物,小时浓度均值为 345 μg/m³。

此次不利气象条件影响范围大,区域性污染特征明显。从吉林省长春市、吉林市、松原市到黑龙江省绥化市、大庆市一线,尤其是黑龙江省西南部区域(哈尔滨市处于该区域中心区),均发生了重度污染,形成大面积污染团,在天气系统内反复传输,相互影响,大量累积,加重了污染程度。

通过 12 月 28 日后向轨迹(HYSPLIT)解析,以哈尔滨市为起点倒推 72 小时,距地面 100 m(边界层以下)和 500 m(边界层以上)气团的传输路径与污染团传输路径基本一致。

污染过程呈现污染边界层下降现象,例如 12 月 27 日下午,高空出现输入叠加情况,加重了近地面污染,这也印证了此次重污染过程具有区域性污染的特征。

2.5.5 燃放烟花爆竹产生重污染天气

春节燃放烟花爆竹是中国一个历史悠久的传统习俗,集中燃放烟花爆竹对颗粒物贡献明显,对城市环境空气质量造成较大影响。从 2013—2020 年除夕、初一监测结果可见,2013—2018 年首要污染物细颗粒物受烟花爆竹影响明显。2013—2018 年春节期间,自除夕 22 时起细颗粒物在短时间内迅速上升,城区出现重-严重污染,除 2016 年、2018 年外,初一当日空气质量均为重度及以上污染。2018 年 10 月 26 日,黑龙江省十三届人大常委会第七次会议审查批准了《哈尔滨市人大常委会关于禁止燃放烟花爆竹的决定》,于 2018 年 12 月 1 日起正式施行,哈尔滨四环以内全面禁止燃放烟花爆竹,禁放后的 2019 年、2020 年春节期间未出现明显污染过程。2013—2020 年除夕、初一细颗粒物小时浓度变化趋势图如图 2 – 26 所示。

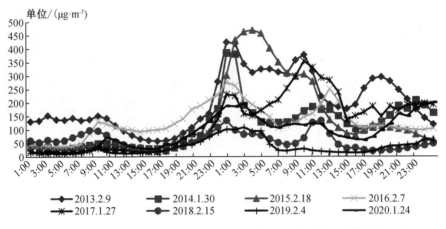

图 2 – 26　2013—2020 年除夕、初一细颗粒物小时浓度变化趋势图

以 2017 年 1 月 27 日除夕至 28 日初一污染过程为例。27—28 日多云,偏南风 3 ~ 4 级,扩散条件较好。受除夕夜间集中燃放烟花爆竹影响,27 日 20 时起哈尔滨主城区大部分点位污染物浓度迅速升高,其中香坊红旗大街、道里建国街、道外承德广场、太平宏伟公园、动力和平路周边居民区较多点位,污染物浓度较高。岭北为清洁对照点,离居民区较远,污染物浓度未出现明显上升。28 日 0 时污染物浓度出现第一个峰值,可吸入颗粒物最高浓度为 757 $\mu g/m^3$,细颗粒物最高浓度为 443 $\mu g/m^3$,其后逐步下降,28 日 9 时又出现第二个峰值,可吸入颗粒物最高浓度为 526 $\mu g/m^3$,细颗粒物最高浓度为 737 $\mu g/m^3$,两次浓度峰值与 28 日 0 时和早上两次集中燃放相对应。28 日白天风力较小,不利于污染物扩散,两次集中燃放污染物叠加累积,造成 28 日全天重度污染。

2.5.6　春季沙尘传输造成一定影响

沙尘天气主要来自区域传输,主要污染物为沙尘带来的可吸入颗粒物。细颗粒物浓度变化较小,在沙尘过境时可吸入颗粒物浓度迅速上升,沙尘天气过后则快速下降。沙尘污染受风向影响较大,污染团多呈带状分布,影响区域较大。

以 2019 年 4 月 16 日污染过程为例。4 月 16 日 10 时哈尔滨主城区可吸入颗粒物浓度迅速上升,细颗粒物浓度无明显变化,至 17 日 1 时退出重度污染,其间哈尔滨市共出现 15 小时重度及以上污染,其中严重污染 14 小时。AQI 小时均值范围在 289 至 500 之间,16 日 19 时污染程度最重,首要污染物为可吸入颗粒物,小时浓度均值为 1 211 $\mu g/m^3$。从首要污染物和可吸入颗粒物、细颗粒物比值来看,此次污染过程为沙尘区域传输导致。2019 年 4 月 16 日各污染物浓度分布图如图 2 – 27 所示,2019 年 4 月 16 日哈尔滨市 AQI 及各污染物小时均值变化趋势如图 2 – 28 所示。

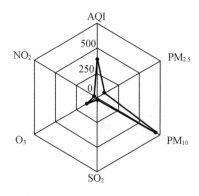

图2-27 2019年4月16日各污染物浓度分布图

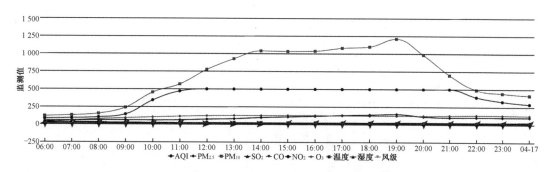

图2-28 2019年4月16日哈尔滨市AQI及各污染物小时均值变化趋势

从气溶胶激光雷达观测图来看,污染期间高空出现大量颗粒物污染团并向下沉降,带来严重沙尘污染,污染期间能见度迅速下降。

2.5.7 春夏季臭氧污染逐渐显现

2013—2020年臭氧日最大8小时平均第90百分位数、超标天数、臭氧作为首要污染物天数、达到良及以上级别天数均有升高趋势。2017年、2018年污染情况最重,2019年有所好转,但总体仍呈现上升趋势。2020年与2015年相比臭氧日最大8小时平均第90百分位数升高15 μg/m³,超标天数增加1天,臭氧作为首要污染物天数增加33天,达到良及以上级别天数增加43天。哈尔滨市臭氧污染情况虽然年度评价未超过国家二级标准,但臭氧日最大8小时平均值超标情况明显增加,达到优天数减少,良及以上天数明显增加,2017年、2018年均达到110天,污染加重趋势明显。臭氧污染情况"十三五"末期略有改善,但总体污染形势不容乐观,臭氧污染多发生在春夏时节,全年1—12月变化呈倒U形。2013—2020年臭氧年浓度变化如图2-29所示,2013—2020年间臭氧1—12月浓度变化如图2-30所示,2013—2020年臭氧污染状况统计表见表2-24。

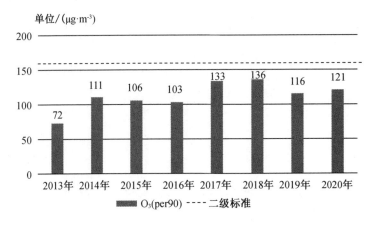

图 2 - 29　2013—2020 年臭氧年浓度变化

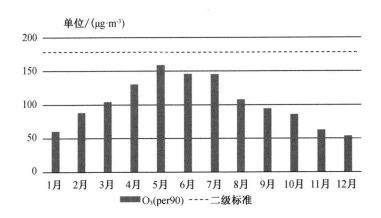

图 2 - 30　2013—2020 年间臭氧 1—12 月浓度变化

表 2 - 24　2013—2020 年臭氧污染状况统计表　　　　单位:天

年份	臭氧日最大 8 小时平均第 90 位百分数/($\mu g \cdot m^{-3}$)	臭氧超标天数	臭氧作为首要污染物天数	达到良及以上级别天数
2013 年	72	0	0	4
2014 年	111	2	25	58
2015 年	106	6	28	42
2016 年	103	3	37	43
2017 年	133	16	69	110
2018 年	136	12	77	110
2019 年	116	8	53	68
2020 年	121	7	61	85

2.6 本章小结

2020 年哈尔滨市环境空气质量总体良好,较 2019 年出现小幅波动,较"十三五"期间目标年 2015 年大幅改善。优良天数 303 天,达标率 82.8%,细颗粒物年均浓度 47 $\mu g/m^3$,超年二级标准 0.34 倍,其他五项污染物均达二级标准,臭氧成为仅次于颗粒物的首要污染物。2020 年与 2015 年相比,优良天数增加 76 天,重度及以上污染天数减少 22 天,细颗粒、可吸入颗粒物、二氧化氮、二氧化硫和一氧化碳浓度分别下降 23 $\mu g/m^3$、39 $\mu g/m^3$、19 $\mu g/m^3$、23 $\mu g/m^3$ 和 0.4 mg/m^3;臭氧上升 18 $\mu g/m^3$。完成《黑龙江省打赢蓝天保卫战三年行动计划》(黑政规〔2018〕19 号)中提出的目标指标要求。

"十三五"期间,哈尔滨市环境空气质量呈现波动向好趋势,较"十二五"期间大幅改善。2018—2020 年环境空气质量优良天数达到 300 天以上,比例达到 80% 以上。环境空气质量超标天数呈线性下降趋势。环境空气质量六项污染物除臭氧呈小幅波动上升外,其他五项均呈下降趋势。除细颗粒物外,均能稳定达到年均值二级标准。其中细颗粒物、可吸入颗粒物、二氧化氮、二氧化硫、一氧化碳五项污染物浓度与货物运输总量有较强正相关;颗粒物浓度与逆温厚度、逆温强度有较强正相关,与地面温度和地面风速有较强负相关;臭氧浓度与气温呈现显著正相关,和气压呈现显著负相关。

第3章　降　水

3.1　网络布设及评价方法

哈尔滨市共设二水厂、三水厂 2 个降水(酸沉降)监测点。逢雨、雪测降水,当天上午 9:00 到第 2 天上午 9:00 为一个采样监测周期。监测指标为 pH 值、电导率、降水量及硫酸根、硝酸根、氟、氯、铵、钙、镁、钠、钾等 9 种离子浓度。降水按照《酸雨和酸雨区等级》(QX/T 372—2017)进行酸雨评价。哈尔滨市降水点位布设情况见表 3 - 1。

表 3 - 1　哈尔滨市降水点位布设情况

序号	点位名称	经度	纬度	行政区
1	二水厂	126.541 1	45.754 3	道里区
2	三水厂	126.620 3	45.721 9	南岗区

3.2　监测结果及现状评价

2020 年哈尔滨市共计监测 50 个降水样本,pH 值范围在 6.53 ~ 8.53,全年未出现酸雨。

2020 年哈尔滨市离子当量浓度总和为 15.79 mEq/L,其中阴离子当量浓度最大的是硫酸根离子,占阴离子当量浓度总和的 54.1%,占总离子当量浓度的 17.9%;阳离子当量浓度最大值是钙离子,占阳离子当量浓度总和的 42.2%,占总离子当量浓度的 28.3%,其次为铵根离子,占阳离子当量浓度总和的 42.1%,占总离子当量浓度的 28.2%。降水中离子当量浓度值如图 3 - 1 所示。

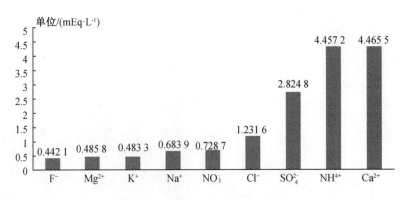

图 3 - 1　降水中离子当量浓度值

3.3　"十三五"与"十二五"时空变化规律

3.3.1　时间变化规律

"十三五"期间,哈尔滨市未出现酸雨,降水平均 pH 值相对稳定,与"十二五"相比,pH 值无明显变化。2020 年降水 pH 值范围为 6.53～8.53,与 2015 年的 7.02～7.72 相比 pH 值范围有所扩大。"十三五"降水情况统计表见表 3－2。

表 3－2　"十三五"降水情况统计表

年份	样本数	降水量/mm	pH 值范围	酸雨次数
2016 年	90	937.1	7.04～7.42	0
2017 年	68	774.3	7.03～7.72	0
2018 年	60	673.2	6.33～8.78	0
2019 年	66	851.4	6.73～7.80	0
2020 年	50	645.4	6.53～8.53	0

"十三五"期间,阴、阳离子当量平均浓度全年呈波动变化,与降水总量相关,降水总量较少的 1 月、4 月和 10 月离子当量平均浓度较高,降水较多的 7 月、8 月离子当量平均浓度较低;且阳离子当量平均浓度略大于阴离子当量平均浓度。降水中离子当量浓度月度变化如图 3－2 所示。

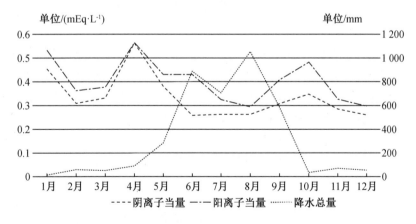

图 3－2　降水中离子当量浓度月度变化

3.3.2　空间变化规律

二水厂和三水厂两个监测点各离子当量浓度比较接近,离子当量总和二水厂略多于三水厂,降水量三水厂略多于二水厂;二水厂阴离子占比较三水厂略低。阴离子以硫酸根和氯离子为主,三水厂硫酸根离子占比略高;阳离子以铵根离子和钙离子为主,二水厂铵根离子略高。二水厂和三水厂离子当量浓度及占比见表 3 – 3。

表 3 – 3　二水厂和三水厂离子当量浓度及占比

项目	离子当量浓度/(mEq·L⁻¹)		离子当量浓度占比/%	
	二水厂	三水厂	二水厂	三水厂
SO_4^{2-}	26.552	26.706	22.42	22.90
NO_3^-	2.773	2.786	2.34	2.79
F^-	2.953	2.980	2.49	2.98
Cl^-	20.312	19.484	17.15	16.71
NH_4^+	13.206	13.119	11.15	11.25
Ca^{2+}	23.842	23.071	20.13	19.78
Mg^{2+}	10.997	10.964	9.29	9.40
Na^+	13.780	13.718	11.64	11.76
K^+	4.020	3.804	3.39	3.26
阴离子	52.589	51.956	44.4	55.6
阳离子	65.845	64.676	44.6	55.4
总量	118.434	116.633	100	100
降水量	1 892.6	1 988.8	—	—

3.4　相关性分析

使用皮尔逊相关系数法对近 5 年 pH 值和钙离子月均值数据间的相关程度进行分析,得出 pH 值和钙离子呈现中度正相关性。使用一元线性回归分析对近 5 年 pH 值和钙离子月均值数据进行回归分析,结果显示,随着 pH 值的增大,钙离子浓度随之增大。pH 值与各离子相关情况见表 3 – 4,钙离子和 pH 值回归关系图如图 3 – 3 所示。

表 3 – 4　pH 值与各离子相关情况

指标	SO_4^{2-}	NO_3^-	F^-	Cl^-	NH_4^+	Ca^{2+}	Mg^{2+}	Na^+	K^+
pH 值	-0.013	0.086	-0.165	0.032	0.025	0.494	0.204	0.134	-0.064

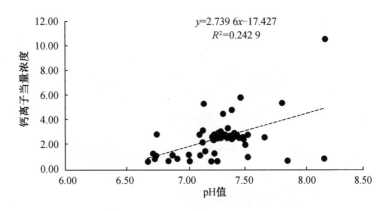

$$y=2.739\ 6x-17.427$$
$$R^2=0.242\ 9$$

图 3-3 钙离子和 pH 值回归关系图

3.5 本章小结

"十三五"期间,哈尔滨市未出现酸雨,降水平均 pH 值相对稳定,与"十二五"相比,pH 值无明显变化,降水中阴离子以硫酸根和氯离子为主,阳离子以铵根和钙离子为主。

第4章 沙 尘

4.1 "十三五"总体情况及评价

"十三五"期间,哈尔滨市共受到外来沙尘天气影响 9 次,其中发生在春季 7 次,秋季 2 次,影响时间共 173 小时。

2018 年哈尔滨市共受到外来沙尘天气影响 2 次,因沙尘导致污染天数 3 天,影响时间 共 38 小时,影响时段分别为 4 月 17 日 12 时至 4 月 18 日 14 时、11 月 26 日 10 时至 22 时。 受沙尘天气影响的 3 天里,环境空气质量轻度污染 1 天,中度污染 1 天,严重污染 1 天。 2 次沙尘天气影响最严重的为 4 月 17 日 12 时至 4 月 18 日 14 时,影响时间 19 小时,可吸入 颗粒物城市小时均值最大值为 1 079 $\mu g/m^3$,超过国家二级标准 6.19 倍,4 月 17 日环境空 气质量日评价为严重污染。

2019 年哈尔滨市共受到外来沙尘天气影响 5 次,因沙尘导致污染天数 8 天,影响时间 共 113 小时。影响时段分别为 4 月 16 日 9 时至 4 月 17 日 20 时、4 月 20 日 12 时至 4 月 21 日 13 时、4 月 22 日 17 时至 4 月 23 日 12 时、4 月 24 日 2 时至 11 时、5 月 15 日 23 时至 5 月 16 日 23 时。受沙尘天气影响的 8 天里,环境空气质量良 2 天,轻度污染 3 天,中度污染 2 天,严重污染 1 天。5 次沙尘天气影响最严重的为 4 月 16 日 9 时至 4 月 17 日 20 时,影响时 间 32 小时,可吸入颗粒物城市小时均值最大值为 1 211 $\mu g/m^3$,超过国家二级标准 7.07 倍, 4 月 16 日环境空气质量日评价为严重污染。

2020 年哈尔滨市共受到外来沙尘天气影响 2 次,影响时间共 22 小时。影响时段分别 为 5 月 14 日 12 时至 5 月 15 日 1 时、10 月 21 日 13 时至 22 时。"十三五"哈尔滨市受沙尘 天气影响情况见表 4 - 1。

表 4 - 1 "十三五"哈尔滨市受沙尘天气影响情况

序号	影响时段	影响时间 /小时	PM$_{10}$城市小时 均值最大值/ ($\mu g \cdot m^{-3}$)	AQI 指数 小时值 最大值	因沙尘导致 的日最大 污染程度	影响 天数 /天
1	2018 年 4 月 17 日 12 时—4 月 18 日 14 时	26	1 079	500	严重污染	2
2	2018 年 11 月 26 日 10 时—22 时	12	396	277	重度污染	1
3	2019 年 4 月 16 日 9 时—4 月 17 日 20 时	35	1 211	500	严重污染	2
4	2019 年 4 月 20 日 12 时—4 月 21 日 13 时	25	485	382	严重污染	2
5	2019 年 4 月 22 日 17 时—4 月 23 日 12 时	19	1 211	500	严重污染	2
6	2019 年 4 月 24 日 2 时—11 时	9	637	500	严重污染	1

表 4 – 1（续）

序号	影响时段	影响时间/小时	PM$_{10}$城市小时均值最大值/（μg·m^{-3}）	AQI 指数小时值最大值	因沙尘导致的日最大污染程度	影响天数/天
7	2019 年 5 月 15 日 23 时—5 月 16 日 23 时	25	1 064	500	严重污染	1
8	2020 年 5 月 14 日 12 时—5 月 15 日 1 时	13	366	217	重度污染	1
9	2020 年 10 月 21 日 13 时—22 时	9	423	302	严重污染	1

4.2 典型过程特征分析

从哈尔滨市受到的 9 次沙尘天气影响中，选取其中 2 次典型过程进行分析。

第一次影响时段是 2018 年 4 月 17 日 12 时—4 月 18 日 14 时。本次沙尘过程可吸入颗粒物峰值出现在 17 日 20 时，受沙尘影响时长共 26 小时。2018 年 4 月 17 日 10 时起，随着西南风风速逐渐增大，哈尔滨市可吸入颗粒物及细颗粒物浓度同时开始快速上升，12 时可吸入颗粒物达到 162 μg/m^3，环境空气质量达到轻度污染。随着可吸入颗粒物浓度迅速上升，15 时达到严重污染。20 时可吸入颗粒物达到最高值 1 079 μg/m^3，随后开始缓慢下降，4 月 18 日 6 时可吸入颗粒物降至 329 μg/m^3，退出严重污染。15 时可吸入颗粒物降至 130 μg/m^3，退出污染，至此此次沙尘过程基本结束。

第二次影响时段是 2019 年 4 月 16 日 9 时—4 月 17 日 20 时。本次沙尘过程可吸入颗粒物共出现两个较大峰值，受沙尘影响时长 35 小时。2019 年 4 月 16 日 7 时起，随着西风风速逐渐增大，哈尔滨市可吸入颗粒物及细颗粒物浓度同时开始快速上升，8 时可吸入颗粒物达到 155 μg/m^3，环境空气质量达到轻度污染。随着可吸入颗粒物浓度迅速上升，10 时达到严重污染。13 时西风最高值达到 10.2 m/s，随着持续的强风带来的沙尘影响，14 时可吸入颗粒物突破 1 000 μg/m^3，19 时可吸入颗粒物达到最高值（第一个峰值）1 211 μg/m^3，随后开始缓慢下降，4 月 17 日 0 时可吸入颗粒物降至 412 μg/m^3，退出严重污染。3 时可吸入颗粒物降至 118 μg/m^3，暂时退出污染。9 时起，随着西南风升至 6.6 m/s，可吸入颗粒物再次上升，达到 190 μg/m^3，再次进入轻度污染。随着西南风持续带来沙尘影响，可吸入颗粒物继续迅速上升，12 时达到本次过程的第二次峰值 596 μg/m^3。15 时西南风短暂降至 2.8 m/s 后又再次上升，污染情况持续。直至 20 时风力下降至 3.2 m/s，可吸入颗粒物浓度开始下降。21 时细颗粒物下降至 97 μg/m^3，环境空气质量为良，退出污染，至此此次沙尘过程基本结束。

4.3 "十三五"时空变化规律

"十三五"期间，哈尔滨市受到的 9 次沙尘天气影响，2018 年受影响 3 天共 38 小时，2019 年受影响 8 天共 113 小时，2020 年影响 1 天共 22 小时，影响时间呈现先升后降的趋势;沙尘影响的可吸入颗粒物最高浓度 2018 年与 2019 年相差不大,2020 年则大幅度下降;沙尘总体影响程度呈下降趋势。"十三五"沙尘影响时间和最高浓度如图 4 - 1 所示。

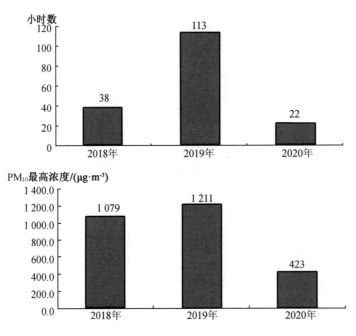

图 4 - 1 "十三五"沙尘影响时间和最高浓度

4.4 相关性分析

哈尔滨市受到沙尘天气影响与风速关系密切,选取部分时段的可吸入颗粒物浓度与风速进行相关分析和回归分析,得出可吸入颗粒物浓度与风速在 0.01 置信区间成正相关关系,回归方程为 $y = 119.58x - 254.26$。可吸入颗粒物浓度与风速的相关关系如图 4 - 2 所示。

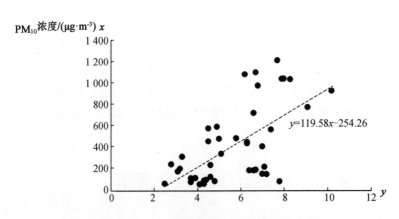

图 4 - 2 可吸入颗粒物浓度与风速的相关关系

4.5　本　章　小　结

　　"十三五"期间,哈尔滨市共受到外来沙尘天气影响 9 次,其中春季占 77.8%,秋季占 22.2%,影响时间共 173 小时。受沙尘影响较大的可吸入颗粒物与风速呈正相关。

第5章 地表水环境质量

5.1 网络布设及评价方法

5.1.1 点位布设、监测指标及频次

5.1.1.1 点位布设

"十三五"期间,哈尔滨市国控考核点位13个,省控点位15个。2016—2019年间,除28个国、省控监测点位外,另设置17个市控监测点位,2020年监测垂改后17个市控点位未开展监测。哈尔滨市河流监测点位设置见表5-1。

表5-1 哈尔滨市河流监测点位设置

序号	河流	点位名称	经度	纬度	水质目标
1	松花江	▲朱顺屯	126.536 4	45.756 7	Ⅲ
2	松花江	▼阿什河口下	126.738 3	45.900 0	Ⅳ
3	松花江	▼呼兰河口下	126.803 3	45.926 1	Ⅳ
4	松花江	▲大顶子山	127.118 3	46.004 7	Ⅲ
5	松花江	▲摆渡镇	128.133 6	45.912 5	Ⅲ
6	松花江	▼牡丹江口上	129.563 9	46.315 6	Ⅲ
7	松花江	▼牡丹江口下	129.549 7	46.335 3	Ⅲ
8	松花江	▼宏克力	129.843 3	46.578 3	Ⅲ
9	松花江	▲佳木斯上	129.960 0	46.720 0	Ⅲ
10	拉林河	▲磨盘山水库出口	127.691 9	44.396 9	Ⅲ
11	拉林河	光荣桥	127.200 3	44.768 6	Ⅲ
12	拉林河	▲兴盛乡	127.065 0	44.904 4	Ⅲ
13	拉林河	牛头山大桥	126.758 9	45.175 0	Ⅲ
14	拉林河	▲苗家	125.691 9	45.451 1	Ⅲ
15	阿什河	▼双河十二组	127.411 1	45.298 9	Ⅱ
16	阿什河	▼西泉眼水库出口	127.270 0	45.215 0	Ⅱ
17	阿什河	马鞍山水文站	127.070 0	45.378 9	Ⅲ
18	阿什河	阿城镇下	126.983 1	45.586 7	Ⅳ

表 5－1（续）

序号	河流	点位名称	经度	纬度	水质目标
19	阿什河	伏尔加桥	126.905 0	45.661 9	Ⅳ
20	阿什河	信义沟口上	126.800 3	45.754 2	Ⅳ
21	阿什河	信义沟口下	126.764 2	45.775 8	Ⅳ
22	阿什河	▲阿什河口内	126.721 1	45.820 3	Ⅴ
23	呼兰河	▲榆林镇鞍山屯	126.422 5	45.085 3	Ⅳ
24	呼兰河	肇兰新河口下	126.649 7	45.948 1	Ⅳ
25	呼兰河	▲呼兰河口内	126.646 7	45.946 9	Ⅳ
26	蜚克图河	刘家店	127.312 8	45.754 5	Ⅲ
27	蜚克图河	▼巨源镇	126.481 7	45.946 1	Ⅲ
28	少陵河	镇东	127.494 4	46.278 6	Ⅱ
29	少陵河	▼姜家店	127.292 5	46.999 2	Ⅲ
30	木兰达河	东平	127.908 3	46.370 3	Ⅲ
31	木兰达河	▼木兰达河口内	127.843 3	45.928 6	Ⅲ
32	白杨木河	民生屯	128.061 1	46.138 9	Ⅲ
33	白杨木河	▼白杨木桥	128.051 7	45.986 7	Ⅲ
34	蚂蚁河	▼亚布力	128.626 4	44.936 7	Ⅱ
35	蚂蚁河	平安桥	128.140 8	45.371 9	Ⅲ
36	蚂蚁河	▼凌河	128.581 4	45.642 8	Ⅲ
37	蚂蚁河	▲蚂蚁河口内	128.761 9	45.932 5	Ⅲ
38	岔林河	小河西屯	128.501 4	46.381 1	Ⅱ
39	岔林河	▼岔林河口内	128.748 3	45.968 9	Ⅲ
40	牡丹江	合江	129.532 2	46.039 2	Ⅲ
41	牡丹江	▲牡丹江口内	132.435 0	54.213 3	Ⅲ
42	倭肯河	团山子大桥	129.564 2	46.348 3	Ⅳ
43	倭肯河	▲倭肯河口内	129.887 2	46.383 9	Ⅳ
44	巴兰河	满天星	129.315 6	46.455 8	Ⅲ
45	巴兰河	▼巴兰河口内	129.559 4	46.371 1	Ⅲ

注：▲为国控监测点位；▼为国控非考核（省控）监测点位。

5.1.1.2 现场监测指标

河流点位现场监测指标为水温、pH 值、溶解氧和电导率。

湖库点位现场监测指标为水温、pH 值、溶解氧、电导率和透明度。

5.1.1.3　实验室分析指标

河流点位实验室分析指标为高锰酸盐指数、化学需氧量、生化需氧量、氨氮、总磷、总氮、铜、锌、氟化物、硒、砷、汞、镉、铬(六价)、铅、氰化物、挥发酚、石油类、阴离子表面活性剂、硫化物和粪大肠菌群。

湖库点位实验室分析指标为高锰酸盐指数、化学需氧量、生化需氧量、氨氮、总磷、总氮、铜、锌、氟化物、硒、砷、汞、镉、铬(六价)、铅、氰化物、挥发酚、石油类、阴离子表面活性剂、硫化物、叶绿素 a 和粪大肠菌群。

5.1.1.4　监测频次

地表水每月监测一次,每月 10 日前完成所有点位的采样、送样工作,16 日前完成实验室分析工作(法定节假日可顺延)。采测分离点位按照总站相关管理办法要求完成相应采样及实验室分析工作。

5.1.2　分析评价方法

5.1.2.1　常规方法

地表水评价方法及指标依据原环境保护部办公厅《地表水环境质量评价方法(试行)》(环办〔2011〕22 号)的有关规定执行。

地表水水质评价指标为:《地表水环境质量标准》(GB 3838—2002)表 1 中除水温、总氮、粪大肠菌群以外的 21 项指标。水温、总氮、粪大肠菌群作为参考指标单独评价(河流总氮除外)。

河流点位、水库水质类别评价:采用单因子评价法,即根据评价时段内参评的指标中类别最高的一项来确定。

全河水质评价:当河流点位总数少于 5 个时,采用所有点位各评价指标浓度算术平均值,按单因子评价法评价;当河流点位总数在 5 个(含 5 个)以上时,采用点位水质类别比例法,即根据河流中各水质类别点位数占河流所有评价点位总数的百分比来评价其水质状况。

5.1.2.2　熵权法

熵权法应用于流域水环境质量评价的基本思路是根据指标变异性的大小来确定客观权重。一般来说,若某个指标的信息熵越小,表明指标值的变异程度越大,提供的信息越多,在综合评价中所能起到的作用也就越大,其权重也就越大。相反,某个指标的信息熵越大,表明指标值的变异程度越小,提供的信息量也越少,在综合评价中起到的作用也越小,其权重也就越小。

(1)熵权法赋权步骤为数据标准化、求各指标的信息熵和确定各指标的权重。

(2)干支流各点位指标权重计算:将 2020 年松花江 12 条一级支流入松花江口内和干

流点位月度数据用熵权法进行重要指标(高锰酸盐指数、化学需氧量、生化需氧量、氨氮、总磷)权重的计算,得到指标权重值。口内点位数据分析结果表明,生化需氧量、氨氮和总磷三项指标的权重较大,干流点位数据分析结果表明高锰酸盐指数、生化需氧量和氨氮三项指标的权重较大,说明高锰酸盐指数、生化需氧量、氨氮和总磷这几项指标的监测数据给予的信息量较大,可以作为推断水质类别的主要监测指标。2020年各点位监测指标权重值见表5-2。

表5-2 2020年各点位监测指标权重值

月份	高锰酸盐指数		化学需氧量		生化需氧量		氨氮		总磷	
	口内	干流	口内	干流	口内	干流	口内	干流	口内	干流
1月	0.07	0.12	0.25	0.17	0.22	0.22	0.17	0.24	0.30	0.25
2月	0.21	0.30	0.18	0.23	0.20	0.16	0.20	0.16	0.21	0.15
3月	0.18	0.26	0.11	0.17	0.26	0.32	0.24	0.13	0.21	0.13
4月	0.11	0.20	0.11	0.16	0.27	0.28	0.36	0.22	0.15	0.14
5月	0.13	0.16	0.14	0.14	0.16	0.16	0.31	0.41	0.20	0.14
6月	0.18	0.13	0.18	0.23	0.33	0.17	0.17	0.32	0.14	0.15
7月	0.10	0.15	0.13	0.19	0.22	0.14	0.33	0.41	0.22	0.11
8月	0.15	0.16	0.09	0.17	0.27	0.19	0.23	0.37	0.26	0.11
9月	0.16	0.21	0.16	0.21	0.15	0.26	0.21	0.13	0.32	0.20
10月	0.09	0.21	0.19	0.13	0.24	0.22	0.28	0.33	0.19	0.11
11月	0.15	0.13	0.15	0.12	0.11	0.29	0.40	0.27	0.19	0.19
12月	0.06	0.23	0.19	0.20	0.18	0.23	0.32	0.13	0.25	0.21
平均权重	0.13	0.19	0.16	0.18	0.22	0.22	0.27	0.26	0.22	0.16

(3)湖库点位指标权重计算:将2020年磨盘山水库出口点位月度数据用熵权法进行重要指标(高锰酸盐指数、化学需氧量、生化需氧量、氨氮、总磷、总氮、叶绿素 a、透明度)权重的计算,分析结果表明,氨氮、化学需氧量、总氮和高锰酸盐指数 4 项指标的权重较大,说明这几项指标的监测数据给予的信息量较大,可以作为推断水库水质类别的主要监测指标。磨盘山水库出口监测指标权重值见表5-3。

表5-3 磨盘山水库出口监测指标权重值

监测指标	权重
氨氮	0.29
化学需氧量	0.15
总氮	0.13
高锰酸盐指数	0.13

表 5 - 3（续）

监测指标	权重
叶绿素 a	0.10
生化需氧量	0.08
总磷	0.07
透明度	0.06

（4）水质类别赋分：基于 2020 年松花江 12 条一级支流入松花江口内和干流点位数据，用熵权法分别评价各口内、干流点位指标的权重值，然后根据《地表水环境质量标准》（GB 3838—2002）中对各指标的标准限值的规定，对所监测的指标数据按照其对应的水质类别进行赋分，最后使用加权求和的方法分别得到各点位的评价得分，作为评价点位水质的依据。水质类别赋分表见表 5 - 4。

表 5 - 4　水质类别赋分表

水质类别	Ⅰ类	Ⅱ类	Ⅲ类	Ⅳ类	Ⅴ类/劣Ⅴ类
赋分	5	4	3	2	1

5.2　监测结果及现状评价

5.2.1　哈尔滨市地表水环境质量现状

2020 年哈尔滨市地表水水质总体状况为轻度污染，其中Ⅱ类点位比例 3.4%、Ⅲ类 62.1%、Ⅳ类 27.6%、Ⅴ类 0.0%、劣Ⅴ类 6.9%。主要污染指标为化学需氧量、高锰酸盐指数和氨氮。优良点位比例同比上升 10.5 个百分点，劣Ⅴ类比例同比下降 3.4 个百分点，水质状况无明显变化。

5.2.1.1　松花江干流哈尔滨段水质现状

2020 年松花江干流哈尔滨段水质总体状况为轻度污染。按年均值评价，朱顺屯、大顶子山、摆渡镇、宏克力和佳木斯上 5 个点位水质符合Ⅲ类标准，阿什河口下、呼兰河口下、牡丹江口上和牡丹江口下 4 个点位水质符合Ⅳ类标准。其中牡丹江口上和牡丹江口下点位未达到水体功能区规划目标，其他 7 个点位均达到水体功能区规划目标，超标指标为化学需氧量。2020 年松花江干流哈尔滨段水质情况见表 5 - 5。

表 5 - 5   2020 年松花江干流哈尔滨段水质情况

点位名称	水质目标	水质现状	水质评价	超标污染物及超标倍数
朱顺屯	Ⅲ类	Ⅲ类	良	—
阿什河口下	Ⅳ类	Ⅳ类	轻度污染	—
呼兰河口下	Ⅳ类	Ⅳ类	轻度污染	—
大顶子山	Ⅲ类	Ⅲ类	良	—
摆渡镇	Ⅲ类	Ⅲ类	良	—
牡丹江口上	Ⅲ类	Ⅳ类	轻度污染	化学需氧量(0.02)
牡丹江口下	Ⅲ类	Ⅳ类	轻度污染	化学需氧量(0.1)
宏克力	Ⅲ类	Ⅲ类	良	—
佳木斯上	Ⅲ类	Ⅲ类	良	—

注:"—"表示无超标指标。

5.2.1.2   松花江主要一级支流水质现状

2020 年松花江干流哈尔滨段 12 条主要一级支流总体状况为轻度污染。12 条河流入松花江口内点位,Ⅲ类水质比例 66.7%、Ⅳ类 25.0%、劣Ⅴ类 8.3%。优良点位比例 66.7%,同比持平,劣Ⅴ类点位比例同比下降 8.3 个百分点,水质总体状况无明显变化。12 条主要一级支流主要污染指标为化学需氧量、氨氮、总磷。

苗家、木兰达河口内、蚂蚁河口内、岔林河口内、巴兰河口内、白杨木桥、牡丹江口内、倭肯河口内水质符合Ⅲ类,阿什河口内、呼兰河口内、姜家店水质符合Ⅳ类,巨源镇水质劣于Ⅴ类。其中姜家店和巨源镇点位超水质目标要求。2020 年松花江支流水质情况见表 5 - 6。

表 5 - 6   2020 年松花江支流水质情况

点位名称	水质目标	水质现状	水质评价	超标污染物及超标倍数
苗家	Ⅲ类	Ⅲ类	良	—
阿什河口内	Ⅴ类	Ⅳ类	轻度污染	—
呼兰河口内	Ⅳ类	Ⅳ类	轻度污染	—
木兰达河口内	Ⅲ类	Ⅲ类	良	—
蚂蚁河口内	Ⅲ类	Ⅲ类	良	—
岔林河口内	Ⅲ类	Ⅲ类	良	—
巴兰河口内	Ⅲ类	Ⅲ类	良	—
白杨木桥	Ⅲ类	Ⅲ类	良	—
巨源镇	Ⅲ类	劣Ⅴ类	重度污染	氨氮(1.8)、总磷(1.2)、化学需氧量(0.8)、生化需氧量(0.6)、高锰酸盐指数(0.05)

表 5 - 6(续)

点位名称	水质目标	水质现状	水质评价	超标污染物及超标倍数
牡丹江口内	Ⅲ类	Ⅲ类	良	—
姜家店	Ⅲ类	Ⅳ类	轻度污染	氨氮(0.2)、化学需氧量(0.1)
倭肯河口内	Ⅳ类	Ⅲ类	良	—

注:"—"表示无超标指标。

5.2.1.3　湖库水质现状

2020 年磨盘山水库出口点位按年均值评价水质达到Ⅲ类标准,达到水体功能区规划目标;按月监测结果评价 1—12 月均达到Ⅲ类标准。磨盘山水库综合营养状态指数范围为 37.57～47.66,处于中营养状态。2020 年磨盘山水库出口主要监测指标统计表见表 5 - 7。

表 5 - 7　2020 年磨盘山水库出口主要监测指标统计表

月份	高锰酸盐指数/ (mg·L^{-1})	氨氮/ (mg·L^{-1})	总磷/ (mg·L^{-1})	总氮/ (mg·L^{-1})	叶绿素 a/ (mg·L^{-1})	透明度 /cm	综合营养 状态指数
1 月	5.1	0.02	0.02	1.52	—	—	—
2 月	5.8	0.09	0.03	1.67	0.010	184.00	47.66
3 月	5.5	0.08	0.03	1.63	0.005	184.00	45.32
4 月	4.8	0.03	0.02	1.46	0.010	184.00	45.09
5 月	4.2	0.04	0.03	1.30	0.010	143.00	46.22
6 月	3.6	0.07	0.02	1.78	0.001	187.00	37.57
7 月	4.0	0.12	0.01	1.88	0.003	187.00	39.31
8 月	3.6	0.05	0.03	1.28	0.006	152.00	43.73
9 月	4.7	0.03	0.02	1.35	0.007	197.00	43.47
10 月	4.6	0.02	0.02	1.48	0.006	197.00	43.20
11 月	4.5	0.02	0.02	1.49	0.002	200.00	39.89
12 月	4.6	0.02	0.02	1.56	0.005	—	—
均值	4.6	0.05	0.02	1.53	0.006	181.50	43.88

注:"—"表示无监测结果。

5.2.2　哈尔滨市地表水主要污染物概况

5.2.2.1　松花江干流哈尔滨段污染物概况

2020 年松花江干流哈尔滨段沿程 9 个点位高锰酸盐指数、总磷和溶解氧浓度较稳定,均好于Ⅲ类标准;氨氮指标均好于Ⅱ类标准;生化需氧量指标除阿什河口下为Ⅲ类外,其他点位均好于Ⅰ类标准;化学需氧量指标阿什河口下、呼兰河口下、牡丹江口上和牡丹江口下4个点位超过Ⅲ类标准,达到Ⅳ类标准,其中阿什河口下、呼兰河口下点位达到水质目标要求;牡丹江口上点位超水质目标0.02倍;牡丹江口下点位超水质目标0.1倍。2020年松花江干流哈尔滨段主要污染物情况见表5-8。

表5-8 2020年松花干流江哈尔滨段主要污染物情况 单位:mg/L

点位名称	高锰酸盐指数	氨氮	总磷	化学需氧量	生化需氧量	溶解氧
朱顺屯	5.0	0.15	0.12	17.3	1.6	9.2
阿什河口下	4.8	0.23	0.11	21.3	3.6	8.4
呼兰河口下	4.9	0.26	0.12	21.3	2.5	8.2
大顶子山	5.1	0.19	0.12	16.4	2.2	9.0
摆渡镇	4.7	0.21	0.12	18.2	1.9	9.2
牡丹江口上	5.4	0.11	0.11	20.4	2.2	8.9
牡丹江口下	5.3	0.11	0.11	22.2	1.8	8.8
宏克力	4.9	0.25	0.09	16.0	1.7	9.0
佳木斯上	4.9	0.24	0.11	15.0	1.8	9.1

5.2.2.2 松花江主要一级支流污染物概况

2020年松花江干流哈尔滨段12条主要一级支流口内点位各项污染物浓度差异较大。各点位溶解氧均好于Ⅲ类标准;化学需氧量巴兰河口内好于Ⅱ类标准,阿什河口内、呼兰河口内、姜家店和巨源镇超过Ⅲ类标准,分别超Ⅲ类标准0.2倍、0.1倍、0.1倍和0.8倍,其他点位好于Ⅲ类标准;氨氮指标阿什河口内、巨源镇和姜家店超Ⅲ类标准,分别超Ⅲ类标准0.2倍、1.8倍和0.2倍,其他点位好于Ⅱ类标准;生化需氧量巨源镇、阿什河口内超Ⅲ类标准,分别超Ⅲ类标准0.6倍和0.05倍,其他点位好于Ⅱ类标准;总磷指标岔林河口内、巴兰河口内、白杨木桥、蚂蚁河口内、牡丹江口内点位好于Ⅱ类标准,巨源镇、阿什河口内超Ⅲ类标准,分别超Ⅲ类标准1.2倍和0.2倍;高锰酸盐指数指标蚂蚁河口内好于Ⅱ类标准,巨源镇超Ⅲ类标准0.05倍,其他点位好于Ⅲ类标准。2020年松花江支流主要污染物情况见表5-9。

表5-9 2020年松花江支流主要污染物情况 单位:mg/L

点位名称	高锰酸盐指数	氨氮	总磷	化学需氧量	生化需氧量	溶解氧
苗家	4.2	0.81	0.13	16.3	2.7	8.8
阿什河口内	5.4	1.17	0.23	24.9	4.2	5.8
呼兰河口内	4.9	0.76	0.19	22.2	2.2	8.6
木兰达河口内	5.0	0.33	0.15	20.0	2.3	7.9

表 5-9(续)

点位名称	高锰酸盐指数	氨氮	总磷	化学需氧量	生化需氧量	溶解氧
蚂蚁河口内	3.5	0.28	0.09	16.3	1.6	9.0
岔林河口内	4.5	0.16	0.08	16.8	1.7	9.3
巴兰河口内	4.1	0.16	0.04	11.1	1.3	9.7
白杨木桥	4.4	0.19	0.09	19.8	2.0	8.6
巨源镇	6.3	2.84	0.44	35.2	6.6	5.7
牡丹江口内	5.4	0.20	0.08	17.1	1.7	9.5
姜家店	4.8	1.20	0.19	22.5	3.7	6.4
倭肯河口内	4.9	0.69	0.11	19.0	1.9	8.1

5.2.2.3 湖库污染物概况

2020 年磨盘山水库出口点位 1—12 个月水质稳定在Ⅲ类;主要监测指标高锰酸盐指数和总磷呈两边高中间低的趋势;氨氮浓度则呈两边低中间高的趋势。2020 年哈尔滨市湖库水质状况如图 5-1 所示。

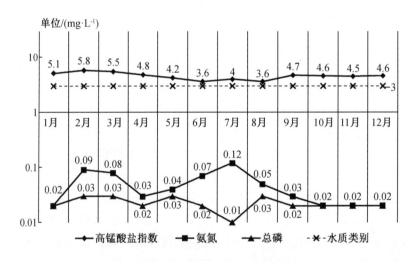

图 5-1 2020 年哈尔滨市湖库水质状况

5.2.3 熵权法现状评价结果

熵权法评价结果表明:2020 年干流 9 个点位中,水环境质量为轻度污染的点位 8 个,占比 88.9%,其中水环境质量最好的为朱顺屯点位,中度污染的点位 1 个,占比 11.1%;2020 年 12 条一级支流入松花江口内点位中,水环境质量为轻度污染的点位 9 个,占比 75.0%,其中水环境质量最好的为蚂蚁河口内点位,中度污染的点位 2 个,占比 16.7%,重度污染的点位 1 个,占比 8.3%;2020 年湖库磨盘山水库出口点位受到总氮权重相对较大的影响评价结果为轻度污染。2020 年各监测点位综合得分情况见表 5 – 10。

表 5 – 10　2020 年各监测点位综合得分情况

点位名称	点位性质	综合得分	熵权法评价结果	常规法评价结果
朱顺屯	松花江干流	3.86	轻度污染	良
阿什河口下		2.87	中度污染	轻度污染
呼兰河口下		3.26	轻度污染	轻度污染
大顶子山		3.47	轻度污染	良
摆渡镇		3.41	轻度污染	良
牡丹江口上		3.49	轻度污染	轻度污染
牡丹江口下		3.63	轻度污染	轻度污染
宏克力		3.63	轻度污染	良
佳木斯上		3.59	轻度污染	良
苗家	松花江一级支流	3.22	轻度污染	良
阿什河口内		2.27	中度污染	轻度污染
呼兰河口内		3.12	轻度污染	轻度污染
巨源镇		1.21	重度污染	重度污染
姜家店		2.61	中度污染	轻度污染
木兰达河口内		3.39	轻度污染	良
白杨木桥		3.74	轻度污染	良
岔林河口内		3.57	轻度污染	良
蚂蚁河口内		3.87	轻度污染	良
牡丹江口内		3.55	轻度污染	良
巴兰河口内		3.85	轻度污染	良
倭肯河口内		3.23	轻度污染	良
磨盘山水库出口	湖库	3.74	轻度污染	良

注:综合得分(≥5:优秀;≥4:良好;≥3:轻度污染;≥2:中度污染;≥1:重度污染)。

现行的《地表水环境质量评价方法》对一个点位所有监测指标监测结果无差别进行评价,而熵权法对流域水环境的评价更具有针对性,并且能够对监测数据情况进行比较客观的赋权。通过对 2020 年松花江干、支流和湖库评价结果表明,熵权法是一种有效并且合理的计算方法,相比于传统评价方法更加严格、客观,更加贴近于人类直观的感受。

5.3 "十三五"与"十二五"时空变化规律

5.3.1 "十三五"时间变化规律

5.3.1.1 松花江干流哈尔滨段年度变化

1. 水质变化

"十三五"期间,松花江干流哈尔滨段水质类别总体相对稳定,朱顺屯、大顶子山、摆渡镇、佳木斯上4个点位水质稳定为Ⅲ类;阿什河口下和呼兰河口下点位2016年、2017年水质为Ⅲ类,2018—2020年水质为Ⅳ类,水质类别有所下降;宏克力点位2016—2018年水质为Ⅲ类,2019年水质下降为Ⅳ类,超过水质目标,2020年恢复至Ⅲ类;牡丹江口下点位2016—2018年水质为Ⅲ类,2019年、2020年水质下降为Ⅳ类,超过水质目标;牡丹江口上点位2016年、2017年水质为Ⅲ类,2018—2020年水质为Ⅳ类,超过水质目标。"十三五"期间,松花江干流哈尔滨段主要超标指标为化学需氧量。"十三五"松花江干流水质类别变化情况见表5-11。

表5-11 "十三五"松花江干流水质类别变化情况

点位名称	水质目标	2016 年	2017 年	2018 年	2019 年	2020 年
朱顺屯	Ⅲ类	Ⅲ类	Ⅲ类	Ⅲ类	Ⅲ类	Ⅲ类
阿什河口下	Ⅳ类	Ⅲ类	Ⅲ类	Ⅳ类	Ⅳ类	Ⅳ类
呼兰河口下	Ⅳ类	Ⅲ类	Ⅲ类	Ⅳ类	Ⅳ类	Ⅳ类
大顶子山	Ⅲ类	Ⅲ类	Ⅲ类	Ⅲ类	Ⅲ类	Ⅲ类
摆渡镇	Ⅲ类	Ⅲ类	Ⅲ类	Ⅲ类	Ⅲ类	Ⅲ类
牡丹江口上	Ⅲ类	Ⅲ类	Ⅲ类	Ⅳ类	Ⅳ类	Ⅳ类
牡丹江口下	Ⅲ类	Ⅲ类	Ⅲ类	Ⅲ类	Ⅳ类	Ⅳ类
宏克力	Ⅲ类	Ⅲ类	Ⅲ类	Ⅲ类	Ⅳ类	Ⅲ类
佳木斯上	Ⅲ类	Ⅲ类	Ⅲ类	Ⅲ类	Ⅲ类	Ⅲ类

2. 污染物变化

"十三五"期间,松花江干流哈尔滨段主要污染物化学需氧量总体呈上升趋势,其中阿什河口下、牡丹江口下最大值出现在2020年,其他点位最大值出现在2019年;其中呼兰河口下、阿什河口下、牡丹江口上2018—2020年超过Ⅲ类标准,牡丹江口下2019—2020年超过Ⅲ类标准,宏克力2019年超过Ⅲ类标准。松花江干流化学需氧量浓度变化图如图5-2所示。

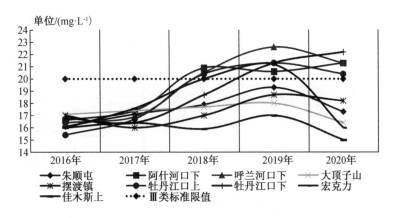

图5-2 松花江干流化学需氧量浓度变化图

"十三五"期间,松花江干流哈尔滨段主要污染物高锰酸盐指数总体呈先升后降趋势,除朱顺屯和大顶子山最大值出现在2020年外,其他点位最大值均出现在2019年,所有点位年均浓度均达Ⅲ类标准。松花江干流高锰酸盐指数浓度变化图如图5-3所示。

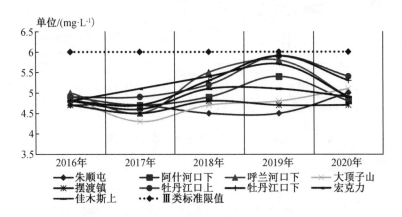

图5-3 松花江干流高锰酸盐指数浓度变化图

"十三五"期间,松花江干流哈尔滨段主要污染物生化需氧量除阿什河口下点位持续上升外,其他点位多呈下降趋势,除阿什河口下其他点位最大值出现在2017年,所有点位年均浓度均达Ⅲ类标准。松花江干流生化需氧量浓度变化图如图5-4所示。

"十三五"期间,松花江干流哈尔滨段主要污染物氨氮总体呈波动下降趋势,朱顺屯、大顶子山、摆渡镇2018年氨氮浓度略有回升,其他点位氨氮浓度持续下降,所有点位年均浓度均达Ⅲ类标准。松花江干流氨氮浓度变化图如图5-5所示。

5.3.1.2 松花江干流哈尔滨段月变化

"十三五"月份变化中,松花江干流哈尔滨段化学需氧量浓度高值集中在3—4月和6—9月,阿什河口下、呼兰河口下、牡丹江口上、牡丹江口下和宏克力在6月、8月、9月超过Ⅲ类标准。松花江干流点位各月化学需氧量浓度变化图如图5-6所示。

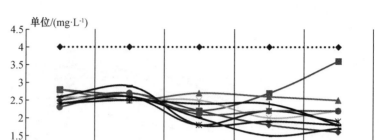

图5-4 松花江干流生化需氧量浓度变化图

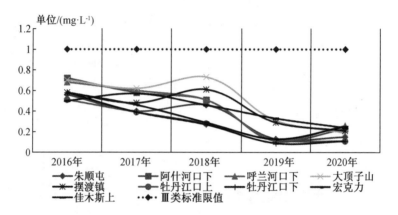

图5-5 松花江干流氨氮浓度变化图

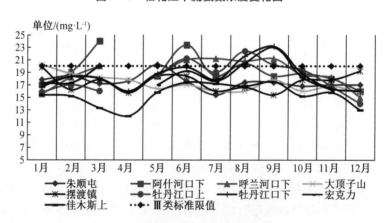

图5-6 松花江干流点位各月化学需氧量浓度变化图

"十三五"月份变化中,松花江干流哈尔滨段高锰酸盐指数浓度高值集中在8—9月,牡丹江口上、牡丹江口下和宏克力在8—9月超过Ⅲ类标准。松花江干流点位各月高锰酸盐指数浓度变化图如图5-7所示。

"十三五"月份变化中,松花江干流哈尔滨段氨氮浓度高值主要集中在2—4月和11—12月,大顶子山在3月超过Ⅲ类标准。松花江干流点位各月氨氮浓度变化图如图5-8

所示。

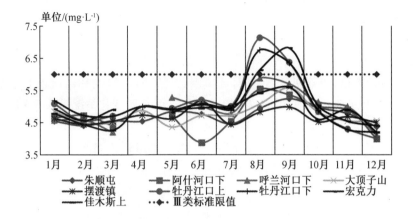

图 5-7　松花江干流点位各月高锰酸盐指数浓度变化图

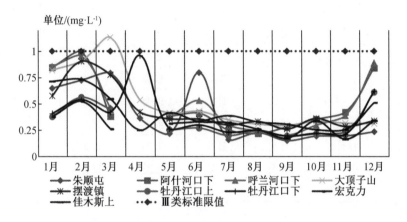

图 5-8　松花江干流点位各月氨氮浓度变化图

　　"十三五"月份变化中,松花江干流哈尔滨段生化需氧量浓度高值出现在 3—6 月和 11—12 月,阿什河口下 3 月超过Ⅲ类标准。松花江干流点位各月生化需氧量浓度变化图如图 5-9 所示。

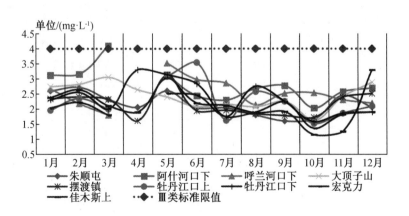

图 5-9　松花江干流点位各月生化需氧量浓度变化图

5.3.1.3 松花江主要一级支流年度变化

1.水质变化

"十三五"期间,松花江干流哈尔滨段12条主要一级支流入松花江口内点位中苗家、木兰达河口内、白杨木桥、蚂蚁河口内、牡丹江口内、巴兰河口内、岔林河口内7个点位水质各年均达Ⅲ类标准和水质目标。"十三五"松花江各支流水质变化情况见表5-12。

表5-12 "十三五"松花江各支流水质变化情况

点位名称	所在河流	水质目标	2016年	2017年	2018年	2019年	2020年
苗家	拉林河	Ⅲ类	Ⅲ类	Ⅲ类	Ⅲ类	Ⅲ类	Ⅲ类
阿什河口内	阿什河	Ⅴ类	劣Ⅴ类	劣Ⅴ类	Ⅴ类	Ⅴ类	Ⅳ类
呼兰河口内	呼兰河	Ⅳ类	Ⅳ类	Ⅲ类	Ⅴ类	Ⅲ类	Ⅳ类
巨源镇	蜚克图河	Ⅲ类	Ⅴ类	Ⅴ类	劣Ⅴ类	劣Ⅴ类	劣Ⅴ类
姜家店	少陵河	Ⅲ类	Ⅴ类	Ⅳ类	劣Ⅴ类	劣Ⅴ类	Ⅳ类
木兰达河口内	木兰达河	Ⅲ类	Ⅲ类	Ⅱ类	Ⅲ类	Ⅲ类	Ⅲ类
白杨木桥	白杨木河	Ⅲ类	Ⅲ类	Ⅲ类	Ⅲ类	Ⅲ类	Ⅲ类
岔林河口内	岔林河	Ⅲ类	Ⅲ类	Ⅲ类	Ⅲ类	Ⅲ类	Ⅲ类
蚂蚁河口内	蚂蚁河	Ⅲ类	Ⅲ类	Ⅲ类	Ⅲ类	Ⅲ类	Ⅲ类
牡丹江口内	牡丹江	Ⅲ类	Ⅲ类	Ⅲ类	Ⅲ类	Ⅲ类	Ⅲ类
巴兰河口内	巴兰河	Ⅲ类	Ⅱ类	Ⅱ类	Ⅲ类	Ⅲ类	Ⅲ类
倭肯河口内	倭肯河	Ⅳ类	Ⅴ类	Ⅳ类	Ⅴ类	Ⅴ类	Ⅲ类

"十三五"期间,松花江干流哈尔滨段12条主要一级支流入松花江口内点位中阿什河口内、呼兰河口内、巨源镇、姜家店、倭肯河口内点位存在超标,其中巨源镇超标严重。"十三五"松花江主要支流超标情况见表5-13。

表5-13 "十三五"松花江主要支流超标情况

点位名称	所在河流	超标年份	水质类别	超标污染物及超水质目标倍数
阿什河口内	阿什河	2016年	劣Ⅴ类	氨氮(0.9)、总磷(0.6)
		2017年	劣Ⅴ类	氨氮(0.8)
呼兰河口内	呼兰河	2018年	Ⅴ类	氨氮(0.05)
巨源镇	蜚克图河	2016年	Ⅴ类	化学需氧量(0.7)
		2017年	Ⅴ类	氨氮(0.8)
		2018年	劣Ⅴ类	氨氮(6.9)、总磷(3.2)、化学需氧量(1.2)
		2019年	劣Ⅴ类	氨氮(2.0)、生化需氧量(1.7)
		2020年	劣Ⅴ类	氨氮(1.8)、总磷(1.2)

表 5 - 13（续）

点位名称	所在河流	超标年份	水质类别	超标污染物及超水质目标倍数
姜家店	少陵河	2016 年	Ⅴ类	化学需氧量(0.6)
		2018 年	劣Ⅴ类	氨氮(2.2)
		2019 年	劣Ⅴ类	氨氮(1.6)、生化需氧量(2.9)、化学需氧量(1.6)
倭肯河口内	倭肯河	2016 年	Ⅴ类	氨氮(0.07)
		2018 年	Ⅴ类	氨氮(0.05)
		2019 年	Ⅴ类	氨氮(0.1)

2. 污染物变化

"十三五"期间,松花江主要一级支流口内点位主要污染物化学需氧量浓度总体呈波动下降趋势,最大值多出现在 2018 年,姜家店 2019 年出现极大值,姜家店、巨源镇、阿什河口内各年均值超Ⅲ类标准,倭肯河口内 2016—2019 年超Ⅲ类标准,呼兰河口内 2018 年、2020年超Ⅲ类标准。松花江一级支流化学需氧量浓度变化图如图 5 - 10 所示。

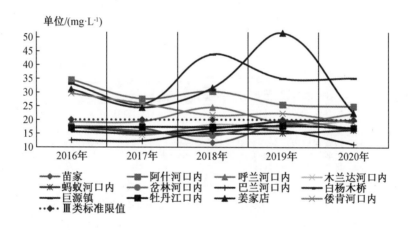

图 5 - 10 松花江一级支流化学需氧量浓度变化图

"十三五"期间,松花江主要一级支流口内点位主要污染物高锰酸盐指数浓度总体呈波动下降趋势,最大值多出现在 2019 年,巨源镇 2018 年出现极大值,巨源镇各年均超Ⅲ类标准,姜家店、倭肯河口内 2016—2019 年超Ⅲ类标准,阿什河口内 2016—2018 年超Ⅲ类标准。松花江一级支流高锰酸盐指数浓度变化图如图 5 - 11 所示。

"十三五"期间,松花江主要一级支流口内点位主要污染物生化需氧量浓度总体呈波动下降趋势,最大值多出现在 2016 年,姜家店 2019 年出现极大值,巨源镇各年均超Ⅲ类标准,姜家店 2016—2019 年超Ⅲ类标准,倭肯河口内 2016—2017 年超Ⅲ类标准,阿什河口内 2016—2018年、2020 年超Ⅲ类标准。松花江一级支流生化需氧量浓度变化图如图 5 - 12 所示。

"十三五"期间,松花江主要一级支流口内点位主要污染物氨氮浓度总体呈波动下降趋势,阿什河口内下降最为显著,巨源镇、姜家店 2018 年出现极大值,巨源镇、姜家店、阿什河口内各年均超Ⅲ类标准,倭肯河口内 2016—2019 年超Ⅲ类标准,呼兰河口内 2016 年、2018 年超

Ⅲ类标准。松花江一级支流氨氮浓度变化图如图5-13所示。

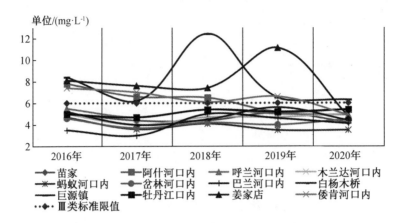

图5-11　松花江一级支流高锰酸盐指数浓度变化图

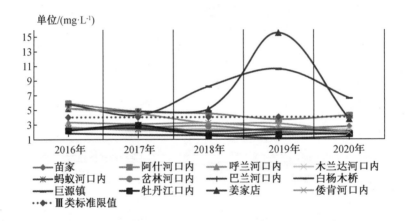

图5-12　松花江一级支流生化需氧量浓度变化图

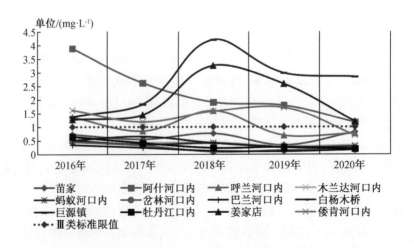

图5-13　松花江一级支流氨氮浓度变化图

"十三五"期间,松花江主要一级支流口内点位主要污染物总磷浓度总体保持稳定,巨源镇2018年出现极大值,巨源镇、阿什河口内各年均超Ⅲ类标准,姜家店2016—2019年超Ⅲ类标准。松花江一级支流总磷浓度变化图如图5-14所示。

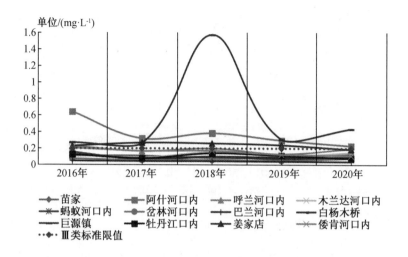

图5-14 松花江一级支流总磷浓度变化图

5.3.1.4 松花江主要一级支流月变化

"十三五"月份变化中,松花江主要一级支流口内点位化学需氧量浓度高值出现在4—5月,姜家店4月出现极大值,姜家店、巨源镇、阿什河口内、倭肯河口内各月均超过Ⅲ类标准,呼兰河口内2—5月超过Ⅲ类标准,其他点位在4—8月偶尔出现超过Ⅲ类标准的情况。松花江一级支流点位各月化学需氧量浓度变化图如图5-15所示。

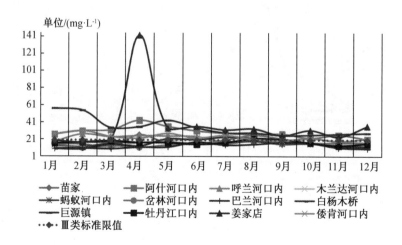

图5-15 松花江一级支流点位各月化学需氧量浓度变化图

"十三五"月份变化中,松花江主要一级支流口内点位高锰酸盐指数浓度高值出现在

4—8 月,姜家店 4 月出现极大值,姜家店 4—12 月超Ⅲ类标准,巨源镇 1—9 月超Ⅲ类标准,倭肯河口内 1—8 月超Ⅲ类标准,阿什河口内 4—9 月超Ⅲ类标准,其他点位 4—8 月偶尔出现超Ⅲ类标准情况。松花江一级支流点位各月高锰酸盐指数浓度变化图如图 5-16 所示。

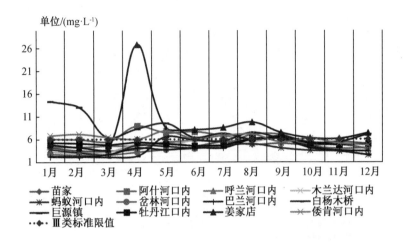

图 5-16 松花江一级支流点位各月高锰酸盐指数浓度变化图

"十三五"月份变化中,松花江主要一级支流口内点位氨氮浓度高值出现在 1—4 月和 11—12 月,巨源镇、姜家店 4 月出现极大值,阿什河口内各月均超Ⅲ类标准,姜家店 1—7 月和 10—12 月超Ⅲ类标准,巨源镇 1—7 月和 11—12 月超Ⅲ类标准,倭肯河口内 1—6 月超Ⅲ类标准,呼兰河口内 1—3 月、苗家 2—4 月超Ⅲ类标准。松花江一级支流点位各月氨氮浓度变化图如图 5-17 所示。

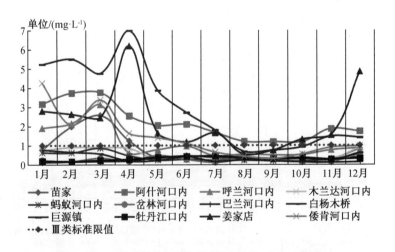

图 5-17 松花江一级支流点位各月氨氮浓度变化图

"十三五"月份变化中,松花江主要一级支流口内点位总磷浓度高值出现在 1—3 月和 6—8 月,巨源镇 2 月出现极大值,巨源镇、阿什河口内各月均超Ⅲ类标准,姜家店 1—6 月超Ⅲ类标准,呼兰河口内 2—3 月、7 月、9 月超Ⅲ类标准。松花江一级支流点位各月总磷浓度变化图如图 5-18 所示。

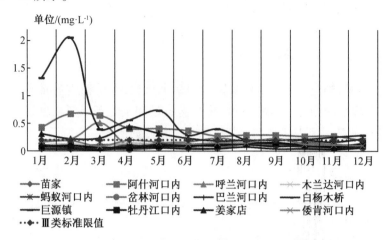

图 5-18　松花江一级支流点位各月总磷浓度变化图

"十三五"月份变化中,松花江主要一级支流口内点位生化需氧量浓度高值出现在 4—5 月,姜家店 4 月出现极大值,巨源镇 1—5 月浓度较大,巨源镇、姜家店点位各月均超Ⅲ类标准,阿什河口内 1—9 月超Ⅲ类标准,倭肯河口内 3 月、5 月和白杨木桥 5 月、苗家 4 月超Ⅲ类标准。松花江一级支流点位各月生化需氧量浓度变化图如图 5-19 所示。

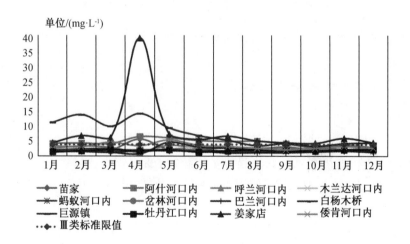

图 5-19　松花江一级支流点位各月生化需氧量浓度变化图

5.3.1.5　湖库时间变化

见本书 6.3.3.1 部分。

5.3.2 "十三五"空间变化规律

5.3.2.1 松花江干流哈尔滨段

"十三五"期间,松花江干流哈尔滨段沿程9个点位,水质稳定为Ⅲ类。主要监测指标化学需氧量、高锰酸盐指数、总磷、氨氮、化学需氧量和生化需氧量浓度变化较小。松花江干流沿程各点位水质类别及主要监测指标浓度变化图如图5–20所示。

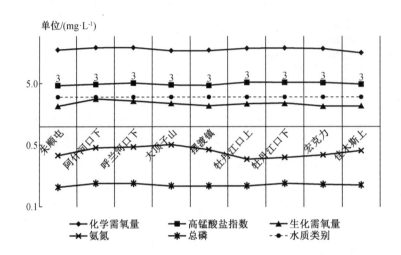

图5–20 松花江干流沿程各点位水质类别及主要监测指标浓度变化图

5.3.2.2 松花江主要一级支流

1.拉林河

"十三五"期间,拉林河沿程4个点位,水质稳定为Ⅲ类。主要监测指标化学需氧量、高锰酸盐指数、总磷和生化需氧量变化趋势基本稳定,变化较小,氨氮、总磷略有上升趋势。拉林河沿程各点位水质类别及主要监测指标浓度变化图如图5–21所示。

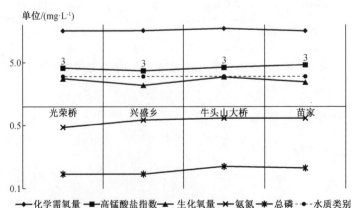

图5–21 拉林河沿程各点位水质类别及主要监测指标浓度变化图

2. 阿什河

"十三五"期间,阿什河沿程 8 个点位,水质自上而下逐渐下降,上游 3 个点位水质为Ⅲ类,其他点位水质为Ⅳ类。主要监测指标化学需氧量、高锰酸盐指数和生化需氧量变化趋势基本一致,浓度值逐渐上升,氨氮和总磷变化趋势基本一致,在阿城镇下出现次高值后小幅下降,自信义沟口上点位逐渐上升,在阿什河口内达到最大值。阿什河沿程各点位水质类别及主要监测指标浓度变化图如图 5 - 22 所示。

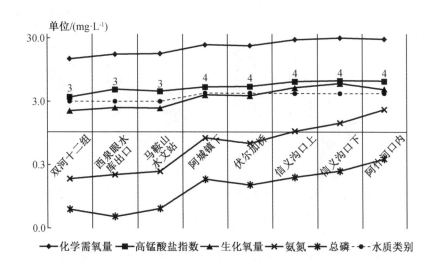

图 5 - 22   阿什河沿程各点位水质类别及主要监测指标浓度变化图

3. 呼兰河

"十三五"期间,呼兰河 3 个点位中,水质稳定为Ⅳ类。主要监测指标化学需氧量、生化需氧量和高锰酸盐指数浓度变化趋势一致,沿程均先升后降,氨氮和总磷浓度则呈上升趋势。呼兰河沿程各点位水质类别及主要监测指标浓度变化图如图 5 - 23 所示。

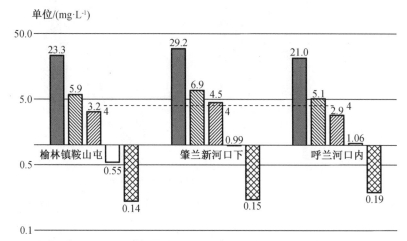

图 5 - 23   呼兰河沿程各点位水质类别及主要监测指标浓度变化图

4. 蚂克图河

"十三五"期间,蚂克图河对照点位刘家店水质为Ⅲ类,入松花江口点位巨源镇水质劣于Ⅴ类,巨源镇与刘家店相比,主要监测指标化学需氧量、生化需氧量、高锰酸盐指数、总磷和氨氮均有大幅度上升。蚂克图河各点位水质类别及主要监测指标浓度变化图如图5-24所示。

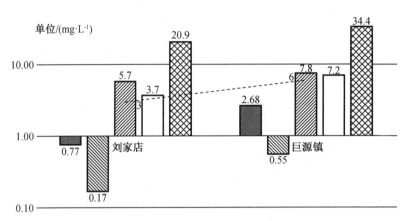

图5-24 蚂克图河各点位水质类别及主要监测指标浓度变化图

5. 少陵河

"十三五"期间,少陵河对照点位镇东水质为Ⅳ类,入松花江口点位姜家店水质为Ⅴ类,姜家店与镇东相比,主要监测指标化学需氧量、生化需氧量、高锰酸盐指数、总磷和氨氮均呈上升趋势。少陵河各点位水质类别及主要监测指标浓度变化图如图5-25所示。

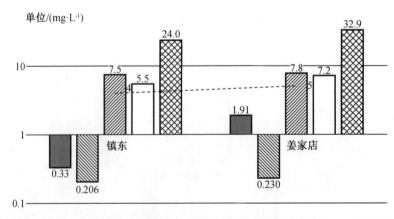

图5-25 少陵河各点位水质类别及主要监测指标浓度变化图

6.木兰达河

"十三五"期间,木兰达河对照点位东平水质为Ⅳ类,入松花江口点位木兰达河口内水质为Ⅲ类,木兰达河口内与东平相比,主要监测指标化学需氧量、生化需氧量、高锰酸盐指数均有所下降。木兰达河各点位水质类别及主要监测指标浓度变化图如图5-26所示。

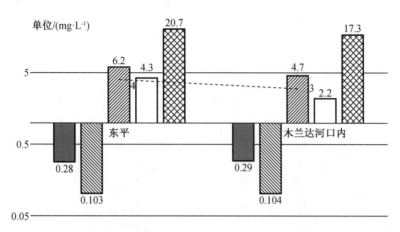

图 5-26　木兰达河各点位水质类别及主要监测指标浓度变化图

7.白杨木河

"十三五"期间,白杨木河对照点位民生屯和入松花江口点位白杨木桥水质为Ⅲ类,白杨木桥与民生屯相比,主要监测指标化学需氧量、生化需氧量、高锰酸盐指数略有下降,氨氮、总磷略有上升。白杨木河各点位水质类别及主要监测指标浓度变化图如图5-27所示。

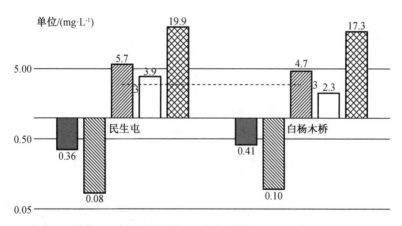

图 5-27　白杨木河各点位水质类别及主要监测指标浓度变化图

8.岔林河

"十三五"期间,岔林河对照点位小河西屯水质为Ⅱ类,入松花江口点位岔林河口内水质为Ⅲ类,岔林河口内点位与小河西屯相比,主要监测指标化学需氧量、生化需氧量、高锰酸盐指数均有所上升。岔林河各点位水质类别及主要监测指标浓度变化图如图5-28所示。

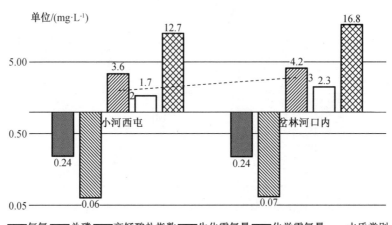

图 5-28 岔林河各点位水质类别及主要监测指标浓度变化图

9.蚂蚁河

"十三五"期间,蚂蚁河4个点位水质稳定为Ⅲ类。主要监测指标化学需氧量、生化需氧量、高锰酸盐指数、总磷和氨氮浓度也呈现先升后降的趋势,即在平安桥和凌河点位浓度值最高,到蚂蚁河口内均有所下降。蚂蚁河沿程各点位水质类别及主要监测指标浓度变化图如图5-29所示。

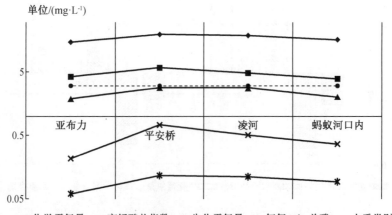

图 5-29 蚂蚁河沿程各点位水质类别及主要监测指标浓度变化图

10. 牡丹江

"十三五"期间,牡丹江2个点位水质为Ⅲ类,入江口点位牡丹江口内与对照点位合江相比,主要监测指标化学需氧量、高锰酸盐指数和氨氮呈上升趋势,生化需氧量和总磷呈下降趋势。牡丹江各点位水质类别及主要监测指标浓度变化图如图5-30所示。

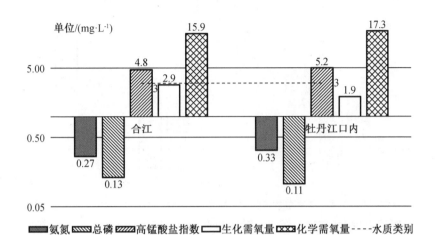

图5-30 牡丹江各点位水质类别及主要监测指标浓度变化图

11. 倭肯河

"十三五"期间,倭肯河入依兰县境团山子大桥点位水质劣于Ⅴ类,入松花江口点位倭肯河口内水质为Ⅳ类,倭肯河口内与团山子大桥相比,主要监测指标化学需氧量、生化需氧量、高锰酸盐指数、总磷和氨氮均有大幅下降。倭肯河各点位水质类别及主要监测指标浓度变化图如图5-31所示。

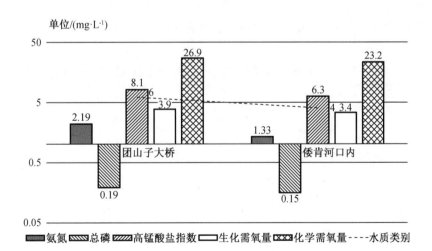

图5-31 倭肯河各点位水质类别及主要监测指标浓度变化图

12. 巴兰河

"十三五"期间,巴兰河2个点位水质为Ⅱ类,入松花江口点位巴兰河口内与对照点位满天星相比,主要监测指标化学需氧量、高锰酸盐指数沿程呈上升趋势,生化需氧量、总磷和氨氮呈下降趋势。巴兰河各点位水质类别及主要监测指标浓度变化图如图5-32所示。

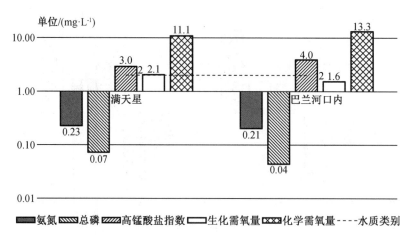

图5-32 巴兰河各点位水质类别及主要监测指标浓度变化图

5.3.3 "十三五"与"十二五"时间变化规律

5.3.3.1 松花江干流哈尔滨段

"十三五"期间,松花江干流哈尔滨段9个点位按5年均值评价水质总体状况优。Ⅲ类水质比例100%,与"十二五"期间持平。松花江干流哈尔滨段水质总体无变化。"十三五"松花江干流哈尔滨段干流点位水质类别统计表见表5-14。

表5-14 "十三五"松花江干流哈尔滨段干流点位水质类别统计表

年份	Ⅲ类/个	Ⅳ类/个	Ⅲ类比例/%	Ⅳ类比例/%
2016年	9	0	100	0
2017年	9	0	100	0
2018年	6	3	66.7	33.3
2019年	4	5	44.4	55.6
2020年	5	4	55.6	44.4
"十三五"	9	0	100	0
"十二五"	9	0	100	0

与2015年相比,2020年松花江干流点位阿什河口下、呼兰河口下、牡丹江口上水质分

别下降一个类别,牡丹江口下、宏克力和佳木斯上为"十三五"新增点位。与2015年相比,2020年松花江干流主要监测指标化学需氧量、高锰酸盐指数、氨氮、总磷分别下降2.3%、9.9%、36.0%、20.3%。2020年与2015年松花江干流点位水质变化见表5-15。

表5-15 2020年与2015年松花江干流点位水质变化

年份	朱顺屯	阿什河口下	呼兰河口下	大顶子山	摆渡镇	牡丹江口上	牡丹江口下	宏克力	佳木斯上
2015年	Ⅲ类	Ⅲ类	Ⅲ类	Ⅲ类	Ⅲ类	Ⅲ类	—	—	Ⅲ类
2020年	Ⅲ类	Ⅳ类	Ⅳ类	Ⅲ类	Ⅲ类	Ⅳ类	Ⅳ类	Ⅲ类	Ⅲ类

注:"—"表示无监测结果。

5.3.3.2 松花江主要一级支流

"十三五"期间,松花江干流哈尔滨段12条主要一级支流入松花江口内点位按5年均值评价水质总体状况为轻度污染。Ⅱ类水质比例8.3%、Ⅲ类水质比例50.0%、Ⅳ类16.7%、Ⅴ类8.3%、劣Ⅴ类16.7%,与"十二五"期间相比,Ⅱ类水质比例上升8.3个百分点,Ⅲ类下降8.3个百分点,Ⅳ类上升8.4个百分点,Ⅴ类下降8.4个百分点,劣Ⅴ类保持不变,松花江干流哈尔滨段12条主要一级支流水质总体无变化。"十三五"松花江干流哈尔滨段12条一级支流口内点位水质类别统计表见表5-16。

表5-16 "十三五"松花江干流哈尔滨段12条一级支流口内点位水质类别统计表

年份	Ⅱ类/个	Ⅲ类/个	Ⅳ类/个	Ⅴ类/个	劣Ⅴ类/个	Ⅱ类比例/%	Ⅲ类比例/%	Ⅳ类比例/%	Ⅴ类比例/%	劣Ⅴ类比例/%
2016年	1	6	1	3	1	8.3	50.0	8.3	25	8.3
2017年	2	6	2	1	1	16.7	50.0	16.7	8.3	8.3
2018年	0	7	0	3	2	0	58.3	0	25.0	16.7
2019年	0	8	0	2	2	0	66.7	0	16.7	16.7
2020年	0	8	3	0	1	0	66.7	25.0	0	8.3
"十三五"	1	6	2	1	2	8.3	50.0	16.7	8.3	16.7
"十二五"	0	7	1	2	2	0	58.3	8.3	16.7	16.7

与2015年相比,2020年松花江12条主要一级支流水质总体改善,仅巨源镇点位水质恶化,下降3个类别,阿什河口内、姜家店点位水质均有明显好转,好转2个类别,倭肯河口内水质略有好转,好转1个类别,其他点位水质类别保持稳定。与2015年相比,2020年松花江12条一级支流主要监测指标化学需氧量、高锰酸盐指数、氨氮、总磷分别下降4.6%、8.4%、14.2%、7.8%。2020年与2015年松花江支流点位水质变化见表5-17。

表 5 – 17 2020 年与 2015 年松花江支流点位水质变化

年份	苗家	阿什河口内	呼兰河口内	巨源镇	姜家店	木兰达河口内	白杨木桥	岔林河口内	蚂蚁河口内	牡丹江口内	巴兰河口内	倭肯河口内
2015 年	Ⅲ类	劣Ⅴ	Ⅳ类	Ⅲ类	劣Ⅴ	Ⅲ类	Ⅲ类	—	Ⅲ类	Ⅲ类	Ⅱ类	Ⅳ类
2020 年	Ⅲ类	Ⅳ类	Ⅳ类	劣Ⅴ	Ⅳ类	Ⅲ类	Ⅲ类	Ⅲ类	Ⅲ类	Ⅲ类	Ⅲ类	Ⅲ类

注:"—"表示无监测结果。

5.3.4 "十三五"与"十二五"空间变化规律

与"十二五"相比,"十三五"地表水水质整体变化不大,中部地区宾县蜚克图河水质变差,北部地区巴彦县少陵河、依兰县巴兰河水质有所改善。

5.4 "十三五"考核达标情况

2016 年依据国务院《水污染防治行动计划》、国务院与黑龙江省政府签订的《水污染防治目标责任书》、黑龙江省政府《水污染防治工作方案》和黑龙江省、市政府签订的《水污染防治目标责任书》确定哈尔滨市 13 个考核点位。2020 年哈尔滨市 13 个考核点位均达到年度考核目标要求,优良比例 84.6%,达标比例 100%,超过年度目标(61.5%)23.1 个百分点。国考点位 2020 年达标情况如图 5 – 33 所示,2020 年哈尔滨市国考点位水质达标情况统计表见表5 – 18。

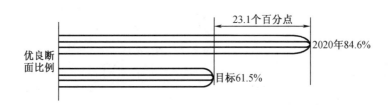

图 5 – 33 国考点位 2020 年达标情况

表 5 – 18 2020 年哈尔滨市国考点位水质达标情况统计表

点位名称	所在河流	所在河流级别	水质类别	考核目标	达标情况
朱顺屯	松花江	干流	Ⅲ	Ⅲ	达标
大顶子山	松花江	干流	Ⅲ	Ⅲ	达标
摆渡镇	松花江	干流	Ⅲ	Ⅲ	达标
佳木斯上	松花江	干流	Ⅲ	Ⅲ	达标
水库出口	拉林河	一级	Ⅲ	Ⅲ	达标
兴盛乡	拉林河	一级	Ⅲ	Ⅲ	达标

表 5 – 18（续）

点位名称	所在河流	所在河流级别	水质类别	考核目标	达标情况
苗家	拉林河	一级	Ⅲ	Ⅳ	达标
阿什河口内	阿什河	一级	Ⅳ	Ⅴ	达标
榆林镇鞍山屯	呼兰河	一级	Ⅲ	Ⅳ	达标
呼兰河口内	呼兰河	一级	Ⅳ	Ⅳ	达标
蚂蚁河口内	蚂蚁河	一级	Ⅲ	Ⅲ	达标
牡丹江口内	牡丹江	一级	Ⅲ	Ⅲ	达标
倭肯河口内	倭肯河	一级	Ⅲ	Ⅳ	达标

2020 年 13 个国考点位优良比例 84.6%，与 2016 年相比上升 15.4 个百分比。"十三五"国考点位优良比例变化呈逐渐升高趋势。"十三五"国考点位优良比例变化趋势图如图 5 – 34 所示。

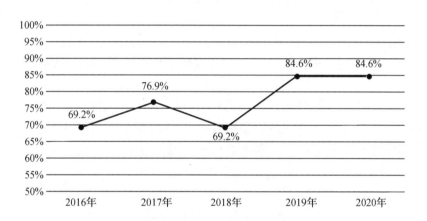

图 5 – 34 "十三五"国考点位优良比例变化趋势图

5.5 相关性分析

5.5.1 地表水化学需氧量与高锰酸盐指数浓度间相关性分析

基于 2016—2020 年哈尔滨市松花江主要一级支流入松花江口内 12 个点位数据，使用皮尔逊相关系数法对化学需氧量和高锰酸盐指数进行指标间关联性分析。结果表明，姜家店、白杨木桥和倭肯河口内点位化学需氧量和高锰酸盐指数呈现高度正相关，巨源镇、阿什河口内、巴兰河口内、牡丹江口内、苗家点位化学需氧量和高锰酸盐指数呈现显著正相关性。在监测的 12 个点位中，化学需氧量和高锰酸盐指数相关性较强的点位有 8 个，占比 66.7%，其中姜家店点位的相关性最好，可以推断二者之间存在线性相关关系。化学需氧量与高锰酸盐指数相关系数统计见表5-19。

表5-19　化学需氧量与高锰酸盐指数相关系数统计

点位名称	相关系数
姜家店	0.93
白杨木桥	0.84
倭肯河口内	0.81
巨源镇	0.79
阿什河口内	0.72
巴兰河口内	0.72
牡丹江口内	0.69
苗家	0.67
蚂蚁河口内	0.37
岔林河口内	0.36
木兰达河口内	0.35
呼兰河口内	0.34

注:高度相关($0.8 \leqslant |r| < 1$);显著相关($0.5 \leqslant |r| < 0.8$);中度相关($0.3 \leqslant |r| < 0.5$);微弱相关($0 < |r| < 0.3$)。

采用最小二乘法建立线性回归方程,得到各点位间化学需氧量和高锰酸盐指数的线性关系,其中姜家店和白杨木桥点位的模型拟合效果较好,据此推测可以通过测定水中高锰酸盐指数来确定化学需氧量值。各监测点位化学需氧量与高锰酸盐指数线性关系见表5-20。

表5-20　各监测点位化学需氧量与高锰酸盐指数线性关系

点位名称	线性回归方程	R^2
姜家店	$y = 5.31x - 8.66$	0.86
白杨木桥	$y = 2.49x + 5.56$	0.71
倭肯河口内	$y = 2.68x + 6.29$	0.58
巨源镇	$y = 2.43x + 15.70$	0.62
阿什河口内	$y = 2.65x + 10.65$	0.52
巴兰河口内	$y = 1.52x + 7.45$	0.45
牡丹江口内	$y = 2.60x + 3.84$	0.48
苗家	$y = 2.11x + 6.29$	0.19

注:y 表示化学需氧量浓度,x 表示高锰酸盐指数浓度,R^2 表示拟合优度,R^2 越接近1,说明模型拟合效果越好。

5.5.2 地表水氨氮指标与降水量相关性分析

哈尔滨市地表水普遍存在枯水期氨氮浓度相对于其他时段较高的特征,以松花江朱顺屯点位为例,2013 年以来的氨氮月浓度变化情况可以看出,1 月、2 月、3 月和 12 月为枯水期,明显高于其他月份。松花江朱顺屯点位氨氮浓度变化情况如图 5 – 35 所示。

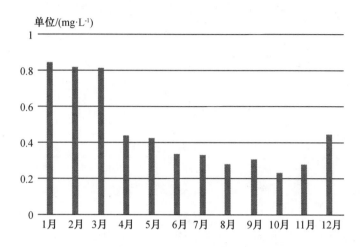

图 5 – 35 松花江朱顺屯点位氨氮浓度变化情况

利用皮尔逊积矩统计方法对 2013 年以来的松花江朱顺屯点位氨氮浓度和月平均降水量两个变量之间的相关程度进行分析,在置信区间为 0.01(双侧)水平呈显著性负相关。松花江朱顺屯点位氨氮浓度与降水量散点图如图 5 – 36 所示。

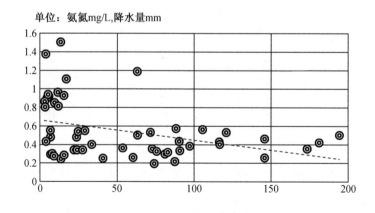

图 5 – 36 松花江朱顺屯点位氨氮浓度与降水量散点图

5.5.3 阿什河主要监测指标与汇水范围内社会经济指标相关性分析

松花江一级支流阿什河汇水范围包括道外、香坊、阿城 3 个区,汇水范围内总人口

98.94 万人,基于 2015—2020 年阿什河口内点位主要监测指标和汇水范围内的相关社会经济指标、水资源量及污染物排放量数据,利用皮尔逊相关系数法进行指标间相关性分析。结果表明,阿什河口内点位 5 项污染物浓度普遍与水资源量呈中度及显著负相关;农业源与工业源对阿什河主要污染物的影响要明显大于城镇生活源与农村生活源的影响。阿什河主要监测指标与汇水范围内相关指标相关系数表见表 5 – 21。

表 5 – 21   阿什河主要监测指标与汇水范围内相关指标相关系数表

汇水范围相关指标	高锰酸盐指数	化学需氧量	生化需氧量	氨氮	总磷
总人口	0.43	0.33	0.51	0.56	0.33
城镇人口	0.80	0.62	0.80	0.82	0.27
一产	0.19	0.06	0.28	0.27	– 0.02
二产	0.28	0.18	0.38	0.33	0.06
三产	– 0.83	– 0.81	– 0.76	– 0.88	– 0.79
总产	0.09	0.27	0.01	0.03	0.44
水资源总量	– 0.57	– 0.58	– 0.65	– 0.42	– 0.25
地表水资源量	– 0.59	– 0.64	– 0.67	– 0.41	– 0.28
工业源废水量	– 0.30	– 0.13	– 0.21	– 0.33	0.12
工业源化学需氧量	0.97	0.89	0.96	0.94	0.56
工业源氨氮	0.89	0.77	0.85	0.82	0.36
城镇生活源废水	– 0.96	– 0.92	– 0.98	– 0.86	– 0.53
城镇生活化学需氧量	0.72	0.54	0.73	0.81	0.33
城镇生活源氨氮	– 0.57	– 0.67	– 0.64	– 0.43	– 0.49
农业源化学需氧量	0.81	0.71	0.77	0.70	0.24
农业源氨氮	0.82	0.70	0.77	0.74	0.25
农村生活源废水	– 0.33	– 0.50	– 0.33	– 0.40	– 0.89
农村生活源化学需氧量	– 0.27	– 0.47	– 0.27	– 0.33	– 0.86
农村生活源氨氮	– 0.19	– 0.38	– 0.18	– 0.26	– 0.82

注:高度相关(0.8≤|r|<1);显著相关(0.5≤|r|<0.8);中度相关(0.3≤|r|<0.5);微弱相关(0<|r|<0.3)。

5.5.4 呼兰河主要监测指标与汇水范围内社会经济指标相关性分析

松花江一级支流呼兰河汇水范围包括松北、呼兰 2 个区,汇水范围内总人口 64.13 万人,基于 2015—2020 年呼兰河口内点位主要监测指标和汇水范围内的相关社会经济指标、水资源量及污染物排放量数据,利用皮尔逊相关系数法进行指标间相关性分析。结果表明,呼兰河口内点位 5 项污染物浓度普遍与水资源量呈中度及显著正相关;工业源和农村生活源对呼兰河主要污染物的影响较大,农业源其次。呼兰河主要监测指标与汇水范围内相关指标相关系数表见表 5 – 22。

表5-22 呼兰河主要监测指标与汇水范围内相关指标相关系数表

汇水范围相关指标	高锰酸盐指数	化学需氧量	生化需氧量	氨氮	总磷
总人口	-0.51	-0.17	-0.80	-0.56	-0.85
城镇人口	-0.71	-0.15	-0.85	-0.61	-0.91
一产	0.37	-0.20	0.65	0.21	0.64
二产	0.02	-0.47	0.35	-0.13	0.33
三产	-0.96	-0.44	-0.93	-0.75	-0.89
总产	-0.79	-0.75	-0.51	-0.73	-0.48
水资源总量	0.22	0.73	0.38	0.79	0.57
地表水资源量	0.20	0.65	0.42	0.77	0.61
工业源废水量	0.93	0.41	0.89	0.51	0.66
工业源化学需氧量	0.81	0.09	0.78	0.56	0.83
工业源氨氮	0.90	0.23	0.87	0.57	0.80
城镇生活源废水	-0.70	-0.19	-0.87	-0.64	-0.93
城镇生活化学需氧量	-0.57	-0.49	-0.58	-0.91	-0.88
城镇生活源氨氮	-0.80	-0.06	-0.73	-0.55	-0.81
农业源废水	0.04	-0.42	0.02	0.20	0.45
农业源化学需氧量	0.12	-0.39	0.10	0.25	0.51
农业源氨氮	0.91	0.25	0.88	0.57	0.80
农村生活源废水	0.79	0.03	0.73	0.51	0.80
农村生活源化学需氧量	0.81	0.08	0.79	0.55	0.84
农村生活源氨氮	0.74	0.08	0.84	0.53	0.86

注:高度相关($0.8 \leqslant |r| < 1$);显著相关($0.5 \leqslant |r| < 0.8$);中度相关($0.3 \leqslant |r| < 0.5$);微弱相关($0 < |r| < 0.3$)。

5.5.5 蚂克图河主要监测指标与汇水范围内社会经济指标相关性分析

松花江一级支流蚂克图河汇水范围包括道外、阿城、宾县3个区(县),汇水范围内总人口34.97万人,基于2015—2020年蚂克图河巨源镇点位主要监测指标和汇水范围内的相关社会经济指标、水资源量及污染物排放量数据,利用皮尔逊相关系数法进行指标间相关性分析。结果表明,巨源镇点位除生化需氧量外,其他4项污染物浓度普遍与水资源量呈中度及高度正相关;工业源对蚂克图河主要污染物的影响较大。蚂克图河主要监测指标与汇水范围内相关指标相关系数表见表5-23。

表5-23 蚂克图河主要监测指标与汇水范围内相关指标相关系数表

汇水范围相关指标	高锰酸盐指数	化学需氧量	生化需氧量	氨氮	总磷
总人口	0.12	0.39	0.42	0.50	0.29

表 5 - 23(续)

汇水范围相关指标	高锰酸盐指数	化学需氧量	生化需氧量	氨氮	总磷
城镇人口	0.09	0.33	0.46	0.64	0.36
一产	0.15	0.46	0.41	0.30	0.17
二产	-0.02	-0.04	-0.17	0.17	0.16
三产	0.16	0.51	0.55	0.53	0.29
总产	0.44	0.81	0.79	0.67	0.47
水资源总量	0.84	0.47	-0.26	0.30	0.73
地表水资源量	0.82	0.45	-0.27	0.33	0.74
工业源废水量	-0.04	-0.31	-0.43	-0.54	-0.28
工业源化学需氧量	0.07	-0.31	-0.39	-0.10	0.08
工业源氨氮	0.83	0.86	0.63	0.80	0.81
城镇生活源废水	-0.21	0.35	0.87	0.38	-0.09
城镇生活化学需氧量	-0.90	-0.94	-0.50	-0.82	-0.90
城镇生活源氨氮	-0.36	0.16	0.79	0.26	-0.24
农业源废水	-0.21	-0.25	-0.47	-0.62	-0.41
农业源化学需氧量	-0.31	-0.64	-0.56	-0.45	-0.32
农业源氨氮	-0.30	-0.63	-0.53	-0.42	-0.30
农村生活源废水	0.33	-0.19	-0.81	-0.30	0.19
农村生活源化学需氧量	-0.84	-0.93	-0.56	-0.83	-0.86
农村生活源氨氮	0.24	-0.28	-0.86	-0.36	0.13

注:高度相关(0.8≤|r|<1);显著相关(0.5≤|r|<0.8);中度相关(0.3≤|r|<0.5);微弱相关(0<|r|<0.3)。

5.5.6　少陵河主要监测指标与汇水范围内社会经济指标相关性分析

松花江一级支流少陵河汇水范围包括巴彦县 1 个县,汇水范围内总人口 23.7 万人,基于 2015—2020 年少陵河姜家店点位主要监测指标和汇水范围内的相关社会经济指标和部分污染物排放量数据,利用皮尔逊相关系数法进行指标间相关性分析。结果表明,城镇生活源对少陵河主要污染物影响较大(无工业源数据)。少陵河主要监测指标与汇水范围内相关指标相关系数表见表 5 - 24。

表 5 - 24　少陵河主要监测指标与汇水范围内相关指标相关系数表

汇水范围相关指标	高锰酸盐指数	化学需氧量	生化需氧量	氨氮	总磷
总人口	-0.49	-0.47	-0.44	-0.60	-0.65
城镇人口	-0.59	-0.61	-0.49	-0.56	-0.26

表 5 – 24（续）

汇水范围相关指标	高锰酸盐指数	化学需氧量	生化需氧量	氨氮	总磷
一产	– 0.16	– 0.30	– 0.19	– 0.908	– 0.61
二产	0.27	0.34	0.27	– 0.19	– 0.995
三产	0.78	0.85	0.80	0.80	0.17
总产	0.957	0.989	0.965	0.56	– 0.18
城镇生活源废水	0.81	0.79	0.72	0.49	0.13
城镇生活化学需氧量	– 0.38	– 0.54	– 0.35	– 0.85	– 0.19
城镇生活源氨氮	– 0.87	– 0.960	– 0.923	– 0.56	0.43
农业源化学需氧量	– 0.49	– 0.45	– 0.33	– 0.30	– 0.27
农业源氨氮	– 0.49	– 0.45	– 0.33	– 0.30	– 0.27
农村生活源废水	– 0.41	– 0.51	– 0.48	– 0.879	– 0.57
农村生活源化学需氧量	– 0.48	– 0.68	– 0.51	– 0.898	0.08
农村生活源氨氮	– 0.76	– 0.86	– 0.81	– 0.83	– 0.12

注:高度相关(0.8≤|r|<1);显著相关(0.5≤|r|<0.8);中度相关(0.3≤|r|<0.5);微弱相关(0<|r|<0.3)。

5.6　污染特点及原因分析

　　"十三五"期间,哈尔滨市松花江干流水质总体好于支流,主要监测指标较"十二五"有较大幅度改善,春汛和夏汛两个时期个别点位化学需氧量、高锰酸盐指数、总磷存在超过Ⅲ类标准的情况,枯水期和结冰期存在氨氮超过Ⅲ类标准的情况。各支流水质状况差异较大,主要监测指标较"十二五"有较大幅度改善。拉林河、木兰达河、白杨木河、蚂蚁河、牡丹江、巴兰河、岔林河 7 条支流"十三五"稳定达到Ⅲ类标准,阿什河、呼兰河、倭肯河 3 条河流"十三五"呈波动转好态势,蜚克图河和少陵河 2 条支流水质出现下降,其中蜚克图河下降明显。

　　按时段分,哈尔滨市总体地表水污染物污染特征为枯水期氨氮污染较重;春汛、夏汛化学需氧量、高锰酸盐指数、总磷等有机污染物污染较重。按流域分,松花江干流以化学需氧量超标为主;阿什河以化学需氧量、氨氮、总磷超标为主;倭肯河以化学需氧量、氨氮超标为主;蜚克图河、少陵河 2 条支流化学需氧量、高锰酸盐指数、生化需氧量、氨氮和总磷等指标超标均较重。通过皮尔逊相关系数法对几条问题相对较重的支流进行主要监测指标和对应汇水范围内的相关社会经济指标、水资源量及污染物排放量指标间相关性分析,得出阿什河受农业源和工业源影响较大,水资源量不足也是阿什河污染重的原因之一;呼兰河受工业源和农村生活源影响较大,汛期水量暴增是呼兰河超标的原因之一;蜚克图河受工业源影响较大;少陵河受城镇生活源影响较大。

5.6.1 污水处理及配套管网建设不能满足城乡发展需求

主要体现在部分区域污水处理厂及管网等配套市政基础设施不够完善,污水未收集或收集率低;部分污水处理厂配套管线年限长且已出现老化,现状管径已不能满足城镇发展需要;污水处理资源分配不均衡,部分污水处理厂满负荷或超负荷运行、部分污水厂污水收集不足运行效率低;部分污水处理厂出水标准较低;部分老城区存在雨污混接、管线淤积情况。

5.6.2 农村面源污染是地表水污染的主要来源

农村面源污染主要来自养殖业、种植业和生活源三方面。农村地区养殖业散养户多,且未经无害化处理,每年产生大量干粪和污水;我市农村地区种植业农药、化肥施用量较大,随着地表径流进入水体,对水环境质量造成影响;农村地区生活源污染较重,缺乏垃圾收集转运体系,普遍存在垃圾积存现象。

5.6.3 生态流量不足是导致全市地表水枯水期超标的主要原因

受北方寒地气候影响,夏季丰水期短,冬季生态流量不足,导致松花江流域生态流量总体偏低,冬季枯水期尤其明显。主要体现在四个方面:一是缺乏污水再生处理能力和中水回用渠道;二是生态流量在时间上和空间上调度、调节分配不合理;三是部分河流生态流量不足,主要是中、上游河段两岸种植结构不够合理,水田面积广、用水量大,用水效率偏低;四是部分中小河流上游持续缺乏补给水源,基本没有生态补水,仅靠接纳沿岸雨水和沿线污水,枯水期基本断流。

5.6.4 降水时空分布不均加重地表水污染程度

哈尔滨市降水时空分布不均,冬季缺乏有效降水,中小河流流量减少,自净能力下降;夏秋季降水集中,雨水冲刷强度大,因此面源污染物增多影响水质。

5.6.5 水生态环境不利导致地表水水体自净能力较弱

松花江干流沿江主要是湿地和部分水域、岛屿植被系统不够完善,导致生态功能不够完善,其次是沿岸部分湿地公园被耕地侵占导致松花江干流水体自净能力下降。松花江支流主要是多数支流周围植被系统不完善,两岸水土流失较重,沿河缺乏生态缓冲带;多数支流沿岸湿地植被系统不完善,沿线缺乏水源涵养林;部分支流由于过度捕捞,人工增殖放流不足,濒危鱼类种群数量持续降低,导致支流自净能力不足。

5.6.6 受上游背景值影响,松花江干支流哈尔滨段水质受到一定影响

受松花江上游来水及上游支流影响,松花江干流个别点位,个别月份超Ⅲ类标准;部分支流,如倭肯河、牡丹江、巴兰河等水质主要受到上游来水的影响;部分支流主要受到山区、

林区腐殖质、有机质入河的影响,导致水体背景值超标。

5.6.7 汛期、台风等强降雨期间,加重松花江干支流水质污染

"十三五"期间,全市多次受到汛期、台风及强降水影响,地表水水位暴涨,冲淤明显,大量沉积污染物随地表径流进入水体中,是个别年份污染物浓度上升的主要原因。其中 2019 年受东北冷涡异常活跃及 5 个台风直接或间接影响,哈尔滨暴雨、大暴雨频发,松花江水位持续上涨至警戒水位附近;2020 年冬季降雪为 50 年来最大值,导致春汛水位上升明显;2020 年夏季暴雨频发,半月内连续受到 3 个强台风直接影响,河流水位暴涨。

5.7 本章小结

2020 年哈尔滨市地表水水质总体状况为轻度污染。2020 年松花江干流哈尔滨段和 12 条主要一级支流水质总体状况均为轻度污染。与 2015 年相比,2020 年松花江干流除个别点位水质类别有所下降外,主要监测指标浓度值均有所下降;松花江 12 条主要一级支流水质总体改善,仅巨源镇点位水质下降 3 个类别,阿什河口内、姜家店点位水质好转 2 个类别,倭肯河口内水质好转 1 个类别,其他点位水质类别保持稳定,主要监测指标均有所下降。

"十三五"期间,哈尔滨市松花江干流水质总体状况为优,主要监测指标较"十二五"有较大幅度改善;哈尔滨市松花江 12 条主要一级支流水质总体状况为轻度污染,各支流水质状况差异较大,主要监测指标较"十二五"有较大幅度改善。2020 年 13 个国考点位优良比例 84.6%,与 2016 年相比上升 15.4%。"十三五"国考点位优良比例呈逐渐升高趋势。

第6章 集中式饮用水水源地

6.1 网络布设及评价方法

6.1.1 点位布设、监测指标及频次

"十三五"期间,哈尔滨市城区共设置 1 个集中式饮用水水源地点位即磨盘山水库出口;哈尔滨市区、县(市)城关镇共设置 10 个集中式饮用水水源地,其中地表水水源地 3 个,地下水水源地 7 个。根据《全国集中式生活饮用水水源地水质监测实施方案》环办函〔2012〕1266 号、《国家年度生态环境监测方案》及《黑龙江省年度生态环境监测方案》进行点位布设、监测指标及频次的设定。哈尔滨市集中式饮用水水源地点位信息及监测频次见表 6 - 1,哈尔滨市集中式饮用水水源地监测指标统计见表 6 - 2。

表 6 - 1 哈尔滨市集中式饮用水水源地点位信息及监测频次

水源地名称	供水区域	属性	东经(E)	北纬(N)	监测频次
磨盘山水库	哈尔滨城区	地表水(湖库)	127.267 8	45.800 3	每月监测一次;6—7 月完成一次水质全指标分析
	五常市				
尚志东水源	尚志市	地下水	128.019 2	45.193 6	每半年监测一次;每 2 年完成一次水质全指标分析(双数年)
尚志北水源			127.916 7	45.237 2	
巴彦镇水源地	巴彦县	地下水	127.375 0	46.093 6	每半年监测一次;每 2 年完成一次水质全指标分析(双数年)
二龙山水库	宾县	地表水(湖库)	127.422 2	45.744 4	每季度监测一次;每 2 年完成一次水质全指标分析(双数年)
依兰县水源地	依兰县	地下水	127.422 2	45.744 4	每半年监测一次;每 2 年完成一次水质全指标分析(双数年)
新城水库	延寿县	地表水(湖库)	128.398 6	45.336 3	每季度监测一次;每 2 年完成一次水质全指标分析(双数年)
木兰县水源地	木兰县	地下水	128.055 0	45.946 7	每半年监测一次;每 2 年完成一次水质全指标分析(双数年)
通河县水源地	通河县	地下水	128.690 0	45.943 1	每半年监测一次;每 2 年完成一次水质全指标分析(双数年)
方正镇水源地	方正县	地下水	128.827 6	45.823 2	每半年监测一次;每 2 年完成一次水质全指标分析(双数年)

表6-2 哈尔滨市集中式饮用水水源地监测指标统计

属性	监测年度	常规监测指标	全分析监测指标
地表水(湖库)	2016年—2020年	水温、透明度、叶绿素a、电导率、pH、溶解氧、高锰酸盐指数、化学需氧量、生化需氧量、氨氮、总磷、总氮、铅、铜、锌、硒、砷、汞、镉、铬(六价)、氟化物(以 F^- 计)、氰化物、挥发酚、石油类、硫化物、阴离子表面活性剂、粪大肠菌群;氯化物(以 Cl^- 计)、硝酸盐(以 N 计)、硫酸盐(以 SO_4^{2-} 计)、铁、锰;三氯甲烷、四氯化碳、三氯乙烯、四氯乙烯、甲醛、苯、甲苯、乙苯、二甲苯、苯乙烯、异丙苯、氯苯、1,2-二氯苯、1,4-二氯苯、三氯苯、硝基苯、二硝基苯、硝基氯苯、邻苯二甲酸二丁酯、邻苯二甲酸二(2-乙基己基)酯、滴滴涕、林丹、阿特拉津、苯并[a]芘、钼、钴、铍、硼、锑、镍、钡、钒、铊	《地表水环境质量标准》(GB 3838—2002)中109项指标(表1中24项,表2中5项,表3中80项),加测透明度和叶绿素a
地下水	2016年—2018年4月30日	pH(无量纲)、总硬度(以 $CaCO_3$ 计)、硫酸盐、氯化物(以 Cl^- 计)、铁、锰、铜、锌、挥发酚(以苯酚计)、阴离子合成洗涤剂、高锰酸盐指数、硝酸盐(以 N 计)、亚硝酸盐(以 N 计)、氨氮(NH_3-N)、氟化物(以 F^- 计)、氰化物、汞、砷、硒、镉、铬(六价)、铅、总大肠菌群(个/升)	色(度)、嗅和味、浑浊度(度)、pH(无量纲)、总硬度(以 $CaCO_3$ 计)、溶解性总固体、硫酸盐、氯化物(以 Cl^- 计)、铁、锰、铜、锌、钼、钴、挥发酚(以苯酚计)、阴离子合成洗涤剂、高锰酸盐指数、硝酸盐(以 N 计)、亚硝酸盐(以 N 计)、氨氮、氟化物(以 F^- 计)、碘化物、氰化物、汞、砷、硒、镉、铬(六价)、铅、铍、钡、镍、滴滴涕、六六六、总大肠菌群(个/升)、细菌总数、总 α 放射性、总 β 放射性
	2018年5月1日—2020年	色(度)、嗅和味、肉眼可见物、浑浊度/NTU *、pH、总硬度、溶解性总固体、硫酸盐、氯化物、铁、锰、铜、锌、铝、挥发性酚类、阴离子表面活性剂、耗氧量、氨氮、硫化物、钠、总大肠菌群、菌落总数、硝酸盐、亚硝酸盐、氰化物、氟化物、碘化物、汞、砷、硒、镉、铬(六价)、铅、三氯甲烷、四氯化碳、苯、甲苯、总 α 放射性、总 β 放射性	《地下水质量标准》(GB/T 14848—2017)中93项指标(表1中39项,表2中54项)

6.1.2 分析评价方法

依据《地表水环境质量标准》(GB 3838—2002)、《地下水质量标准》(GB/T 14848—2017)、《集中式饮用水水源地环境保护状况评估技术规范》(HJ 774—2015)对集中式饮用水水源地进行评价。

6.2 监测结果及现状评价

6.2.1 城区集中式饮用水水源地水质现状

2020年哈尔滨市城区集中式饮用水水源地磨盘山水库出口点位水质符合Ⅲ类(参考指标总氮除外),达到水体功能区规划目标。取水总量28 324万t,达标水量28 324万t,水量达标率100%。综合营养状态指数范围为39.59~47.39,处于中营养状态。2020年8月进行的水源地全分析监测结果符合Ⅲ类水质。2020年磨盘山水库出口主要监测指标统计表见表6-3。

表6-3 2020年磨盘山水库出口主要监测指标统计表 单位:mg/L

月份	高锰酸盐指数	氨氮	总氮	总磷	综合营养状态指数
1月	5.9	0.095	1.07	0.04	—
2月	5.8	0.089	1.67	0.03	—
3月	5.5	0.083	1.65	0.03	—
4月	5.2	0.030	2.28	0.03	—
5月	5.0	0.180	1.74	0.03	—
6月	4.8	0.032	1.78	0.02	47.39
7月	4.8	0.025L	2.06	0.02	46.34
8月	4.2	0.040	1.76	0.02	45.05
9月	4.1	0.025L	1.67	0.02	39.59
10月	5.1	0.050	1.98	0.03	47.06
11月	5.0	0.070	1.94	0.04	43.13
12月	6.0	0.130	1.51	0.02	41.14
Ⅲ类标准	≤6	≤1.0	≤1.0	≤0.05	—

注:1—5月冰封期、融冰期未测定透明度,无法计算综合营养状态指数。

6.2.2 城区集中式饮用水水源地污染物概况

2020年哈尔滨市城区集中式饮用水水源地磨盘山水库出口点位水质全年符合Ⅲ类(参

考指标总氮除外),达到水体功能区规划目标,总氮(不参与评价)超过Ⅲ类标准的比例为100%;高锰酸盐指数冬季月份接近或达到临界值(6 mg/L)。2020 年磨盘山水库出口总氮浓度变化图如图 6 - 1 所示,2020 年磨盘山水库出口高锰酸盐指数浓度变化图如图 6 - 2 所示。

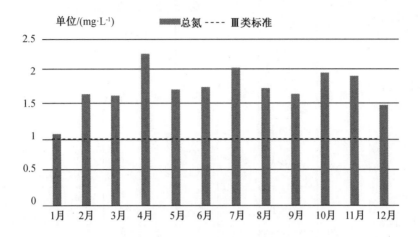

图 6 - 1 2020 年磨盘山水库出口总氮浓度变化图

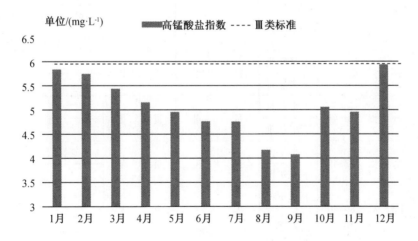

图 6 - 2 2020 年磨盘山水库出口高锰酸盐指数浓度变化图

6.2.3 区、县(市)城关镇集中式饮用水水源地水质现状

2020 年区、县(市)城关镇共 10 个集中式饮用水水源地,其中地表水水源地 3 个,地下水水源地 7 个。全年取水总量 5 162.78 万 t,达标水量 3 528.13 万 t,水量达标率 68.3%,同比下降 4.6 个百分点。2020 年城关镇集中式饮用水水源水质见表 6 - 4。

表6-4 2020年城关镇集中式饮用水水源水质

县(市)	水源地名称	水源地类型	取水量(10⁴t)	水质类别	全年水质 2020年	全年水质 2019年	水源地标准	考核目标	超Ⅲ类标准指标、超标倍数
宾县	二龙山水库	地表水湖库	629.5	一季度Ⅲ	Ⅲ	Ⅲ	Ⅲ	Ⅲ	—
				二季度Ⅲ					
				三季度Ⅲ					
				四季度Ⅲ					
五常市	磨盘山水库	地表水湖库	1 098.00	一季度Ⅲ	Ⅲ	Ⅲ	Ⅲ	Ⅲ	—
				二季度Ⅲ					
				三季度Ⅲ					
				四季度Ⅲ					
延寿县	新城水库	地表水湖库	256.20	一季度Ⅴ	Ⅴ	Ⅴ	Ⅲ	Ⅳ	生化需氧量(0.6)、高锰酸盐指数(0.4)、总磷(0.3)
				二季度Ⅳ					总磷(1)、生化需氧量(0.4)、高锰酸盐指数(0.2)
				三季度Ⅳ					总磷(0.4)、生化需氧量(0.1)、高锰酸盐指数(0.083 3)
				四季度Ⅳ					总磷(0.6)、高锰酸盐指数(0.367)、生化需氧量(0.35)
尚志市	尚志东水源	地下水	924.22	上半年Ⅲ	Ⅲ	Ⅲ	Ⅲ	Ⅲ	—
				下半年Ⅲ					
	尚志北水源	地下水	510.41	上半年Ⅲ	Ⅲ	Ⅲ	Ⅲ		—
				下半年Ⅲ					
巴彦县	巴彦镇水源地	地下水	462.40	上半年Ⅳ	Ⅳ	Ⅳ	Ⅲ	Ⅴ	氨氮(1.96)、锰(0.5)
				下半年Ⅳ					锰(0.9)
通河县	通河县水源地	地下水	280.40	上半年Ⅳ	Ⅳ	Ⅴ	Ⅲ	Ⅴ	锰(9.5)、氨氮(0.2)
				下半年Ⅳ					锰(6.1)
方正县	方正镇水源地	地下水	306.55	上半年Ⅴ	Ⅴ	Ⅴ	Ⅲ	Ⅴ	锰(20.9)、铁(17.1)
				下半年Ⅴ					锰(14.2)
木兰县	木兰县水源地	地下水	366.00	上半年Ⅲ	Ⅲ	Ⅴ	Ⅲ	Ⅴ	—
				下半年Ⅲ					—
依兰县	依兰县水源地	地下水	329.10	上半年Ⅲ	Ⅳ	Ⅲ	Ⅲ	Ⅲ	—
				下半年Ⅳ					锰(5.1)、铁(0.03)

6.2.4 区、县(市)城关镇集中式饮用水水源地污染物概况

2020年区、县(市)城关镇集中式饮用水水源地达到Ⅲ类标准的水源个数占比50%,达到Ⅳ类的占比30%,达到Ⅴ类的占比20%。其中,地表水水源主要污染指标为生化需氧量、高锰酸盐指数、总磷;地下水水源主要污染指标为锰、铁、氨氮。超Ⅲ类标准的水源地分别为新城水库(延寿县)、巴彦镇水源地、通河县水源地、方正镇水源地、依兰县水源地;超考核目标的水源地分别为新城水库(延寿县)、依兰县水源地。

6.3 "十三五"与"十二五"时空变化规律

6.3.1 "十三五"时间变化规律

6.3.1.1 城区集中式饮用水水源地

"十三五"期间,高锰酸盐指数、总氮总体呈逐渐上升趋势;总磷变化较平稳;氨氮呈逐渐下降趋势;与2016年相比,2020年磨盘山水库出口点位主要监测指标高锰酸盐指数、总氮、总磷和氨氮分别上升15.1%、上升18.1%、下降9.7%和下降64.3%。"十三五"期间,在磨盘山水库可监测透明度和叶绿素a的月份,综合营养状态指数均为中营养,监测结果范围为39.59~47.39。"十三五"磨盘山水库高锰酸盐指数和总氮浓度变化如图6-3所示,"十三五"磨盘山水库氨氮、总磷浓度变化如图6-4所示。

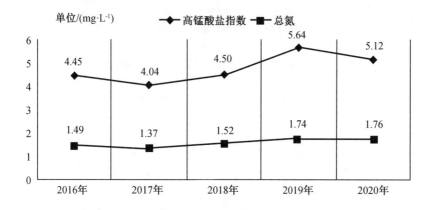

图6-3 "十三五"磨盘山水库高锰酸盐指数和总氮浓度变化

6.3.1.2 区、县(市)城关镇集中式饮用水水源地

"十三五"期间,区、县(市)城关镇集中式饮用水水源地地表水达标率在2017年大幅提升至73.5%后趋于平稳,一直稳定在65.0%以上。"十三五"期间,Ⅴ类水质占比呈逐渐下降趋势,到2020年下降幅度较大,二龙山水库稳定达到Ⅲ类水质标准,其他水源地均存在超

标情况。"十三五"区、县(市)集中式饮用水水源达标水量变化如图6-5所示,"十三五"区、县(市)集中式饮用水水质比例变化如图6-6所示。

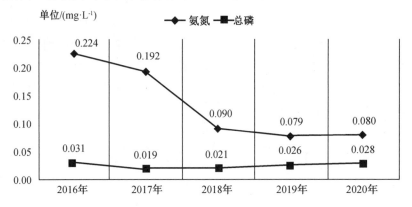

图6-4 "十三五"磨盘山水库氨氮、总磷浓度变化

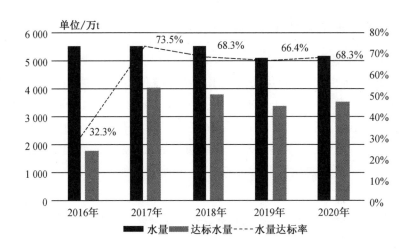

图6-5 "十三五"区、县(市)集中式饮用水水源达标水量变化

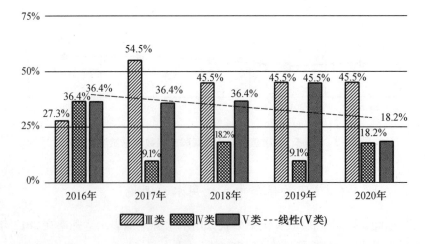

图6-6 "十三五"区、县(市)集中式饮用水水质比例变化

6.3.2 "十三五"空间变化规律

"十三五"期间,尚志东水源、尚志北水源、二龙山水库、依兰县水源地、五常市磨盘山水源地水质相对较好,超标年份较少或无超标,超标指标以铁、锰为主;巴彦镇水源地、延寿新城水库水源地、木兰县水源地、通河县水源地、方正镇水源地超标相对严重,除铁、锰外,氨氮、总磷、高锰酸盐指数、化学需氧量、生化需氧量均出现超标情况。"十三五"各区、县(市)城关镇水质类别及污染物最大超标倍数见表6-5。

6.3.3 "十三五"与"十二五"及2020年与2015年时间变化规律

6.3.3.1 城区集中式饮用水水源地

"十三五"期间,磨盘山水库水质连续60个月均达到Ⅲ类水质标准。与"十二五"期间偶有月份总磷超标(2015年4月总磷0.06 mg/L、2015年6月总磷0.15 mg/L)相比,水质稳定达标。"十三五"期间,主要监测指标高锰酸盐指数、氨氮、总氮和总磷均值分别为4.8 mg/L、0.13 mg/L、1.58 mg/L和0.03 mg/L,与"十二五"期间相比分别上升12.3%、上升49.4%、下降41.0%和下降35.6%。"十三五"期间,综合营养状态指数稳定为中营养状态,较"十二五"期间偶发轻度富营养有所好转(2015年6月综合营养状态指数50.97,为轻度富营养状态)。

2020年主要监测指标高锰酸盐指数、氨氮、总氮和总磷年均值分别为5.1 mg/L、0.079毫克/升、1.76 mg/L和0.03 mg/L,与2015年相比分别上升29.5%、下降55.1%、上升18.9%和下降42.7%。

"十三五"与"十二五"高锰酸盐指数与总氮浓度变化如图6-7所示,"十三五"与"十二五"氨氮与总磷浓度变化如图6-8所示。

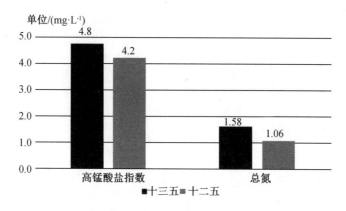

图6-7 "十三五"与"十二五"高锰酸盐指数与总氮浓度变化

表6-5 "十三五"各区、县(市)城关镇水质类别及污染物最大超标倍数

水源地名称	水源地类型	2016年 水质类别	2016年 超标指标(最大超标倍数)	2017年 水质类别	2017年 超标指标(最大超标倍数)	2018年 水质类别	2018年 超标指标(最大超标倍数)	2019年 水质类别	2019年 超标指标(最大超标倍数)	2020年 水质类别	2020年 超标指标(最大超标倍数)
尚志东水源	地下水	IV	铁(0.07)、高锰酸盐指数(0.2)	III	—	III	—	III	—	III	—
尚志北水源	地下水	IV	高锰酸盐指数(0.3)、氨氮(0.2)	III	—	III	—	III	—	III	—
巴彦镇水源地	地下水	V	氨氮(5.0)	V	铁(18.3)、锰(8.3)、氨氮(9.0)	V	锰(5.5)、氨氮(2.6)	IV	锰(9.3)	IV	氨氮(2.0)、锰(0.9)
二龙山水库	地表水湖库	III	—	III	—	III	—	III	—	III	—
依兰县水源地	地下水	IV	铁(1.3)、锰(4.2)	III	—	III	—	III	—	IV	锰(5.1)、铁(0.03)
新城水库	地表水湖库	III	—	III	铁(11.5)、锰(38.0)、氨氮(4.9)	V	生化需氧量(0.7)、总磷(0.6)、高锰酸盐指数(0.6)	V	总磷(0.6)、高锰酸盐指数(0.5)、生化需氧量(0.6)	V	总磷(1.0)、高锰酸盐指数(0.4)、生化需氧量(0.6)
木兰县水源地	地下水	V	铁(3.9)、锰(16.8)、氨氮(4.2)	V	铁(3.3)、锰(6.7)	V	锰(22.6)、铁(17.0)、氨氮(0.7)	V	锰(19.0)、铁(5.1)、氨氮(0.4)	III	—

表6-5（续）

水源地名称	水源地类型	2016年		2017年		2018年		2019年		2020年	
		水质类别	超标指标（最大超标倍数）	水质类别	超标指标（最大超标倍数）	水质类别	超标指标（最大超标倍数）	水质类别	超标指标（最大超标倍数）	水质类别	超标指标（最大超标倍数）
通河县水源地	地下水	IV	铁(3.1)、锰(5.8)	IV	铁(6.3)、锰(18.8)、氨氮(0.9)	IV	锰(10.0)、铁(2.8)	V	锰(20.0)、铁(8.9)	IV	锰(9.5)、氨氮(0.2)
方正镇水源地	地下水	V	铁(6.7)、锰(22.5)、氨氮(2.5)	V	总大肠杆菌(6.3)、氨氮(6.9)	IV	锰(11.0)、铁(2.9)、氨氮(0.4)	V	锰(28.9)、铁(11.4)、氨氮(1.5)	V	锰(20.9)Ⅴ类、铁(17.1)Ⅴ类
磨盘山水库	地表水湖库	Ⅲ	—	Ⅲ	—	Ⅲ	—	Ⅲ	—	Ⅲ	—

注："—"表示无超标指标。

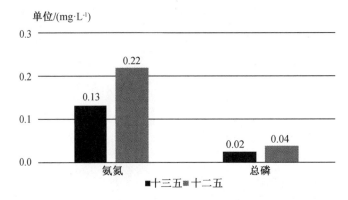

图 6 - 8 "十三五"与"十二五"氨氮与总磷浓度变化

6.3.3.2 区、县(市)城关镇集中式饮用水水源地

与"十二五"期间相比,两个区、县(市)城关镇集中式地表水水源地"十三五"期间主要监测指标高锰酸盐指数均有所上升;氨氮均有所下降,其中新城水库(延寿县)自2018年开始出现超标情况,主要污染指标为总磷、高锰酸盐指数、化学需氧量、生化需氧量。

与"十二五"期间相比,区、县(市)城关镇集中式地下水水源地主要超标指标铁、锰两个指标中,除依兰县水源地铁有所上升,其他水源均有不同程度的下降,其中巴彦镇水源地、通河县水源地、依兰县水源地、方正镇水源地、木兰县水源地主要污染指标为铁、锰、氨氮。2020年木兰县水源地迁址后达到Ⅲ类水质标准。区、县(市)城关镇地表水水源地主要监测指标对比如图6-9所示,区、县(市)城关镇地下水水源地主要监测指标对比如图6-10所示。

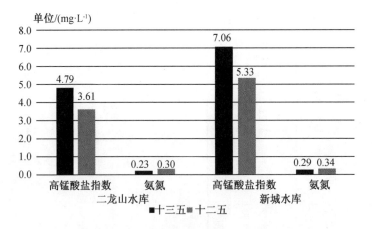

图 6 - 9 区、县(市)城关镇地表水水源地主要监测指标对比

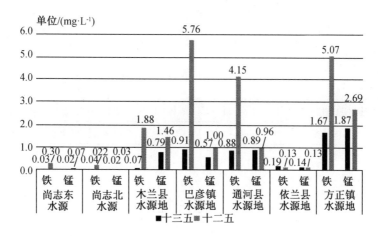

图 6 – 10　区、县（市）城关镇地下水水源地主要监测指标对比

6.3.4　"十三五"与"十二五"空间变化规律

从 2020 年集中式饮用水水源地空间分布及污染物超标倍数图中看出哈尔滨市铁、锰超标相对严重的地区集中在东北部；中部地区总磷、高锰酸盐指数、化学需氧量、生化需氧量出现超标情况。

与 2015 年相比，2020 年铁、锰超标区域扩大至依兰县，南部区域地下水水源地水质好转（尚志市地下水水源地达到Ⅲ类水质标准），中部地区地表水水质恶化（延寿县地表水水源地新城水库水质为Ⅴ类）。

6.4　"十三五"考核达标情况

"十三五"期间，集中式饮用水水源地水质考核达标情况为：2016 年达标率 70%，2017年达标率 100%，2018—2019 年达标率 90%；2020 年达标率 80%。"十三五"期间水源地水质类别表见表 6 – 6。

表 6 – 6　"十三五"期间水源地水质类别表

县（市）	水源地名称	水源地类型	考核目标	2016 年	2017 年	2018 年	2019 年	2020 年
宾　县	二龙山水库	地表水湖库	Ⅲ	Ⅲ	Ⅲ	Ⅲ	Ⅲ	Ⅲ
五常市	磨盘山水库	地表水湖库	Ⅲ	Ⅲ	Ⅲ	Ⅲ	Ⅲ	Ⅲ
延寿县	新城水库	地表水湖库	Ⅳ	Ⅲ	Ⅲ	Ⅴ	Ⅴ	Ⅴ
尚志市	尚志东水源	地下水	Ⅲ	Ⅳ	Ⅲ	Ⅲ	Ⅲ	Ⅲ
	尚志北水源	地下水	Ⅲ	Ⅳ	Ⅲ	Ⅲ	Ⅲ	Ⅲ
巴彦县	巴彦镇水源地	地下水	Ⅴ	Ⅴ	Ⅴ	Ⅴ	Ⅳ	Ⅳ
通河县	通河县水源地	地下水	Ⅴ	Ⅳ	Ⅳ	Ⅳ	Ⅴ	Ⅳ

表 6 – 6(续)

县(市)	水源地名称	水源地类型	考核目标	2016 年	2017 年	2018 年	2019 年	2020 年
方正县	方正镇水源地	地下水	Ⅴ	Ⅴ	Ⅴ	Ⅳ	Ⅴ	Ⅴ
木兰县	木兰县水源地	地下水	Ⅴ	Ⅴ	Ⅴ	Ⅴ	Ⅴ	Ⅲ
依兰县	依兰县水源地	地下水	Ⅲ	Ⅳ	Ⅲ	Ⅲ	Ⅲ	Ⅳ
考核达标率				70%	100%	90%	90%	80%

6.5　相关性分析

磨盘山水库入库支流共有三条,分别是西大河、洒沙河、拉林河。从 2016—2019 年入库河流数据可以看出:磨盘山水库的高锰酸盐指数浓度均高于入库三条支流浓度,主要原因可能是磨盘山水库周边植被覆盖率高,水库中腐殖质含量丰富,占总有机物比重大,因此高锰酸盐指数浓度高于入库三条支流浓度;水库的总氮浓度均低于入库三条支流浓度,主要原因可能是支流中总氮来源于地表径流土壤中的氮源,汇入水库中后经库中微生物降解转化后,总氮浓度有所下降,但由于背景值(支流浓度)较高,水库出口总氮浓度依然超地表水Ⅲ类水质标准。2016—2019 年磨盘山水库及入库支流主要指标统计表见表 6 – 7。

表 6 – 7　2016—2019 年磨盘山水库及入库支流主要指标统计表　　　　单位:mg/L

年份	高锰酸盐指数					总氮				
	水库出口	西大河入库口内	洒沙河入库口内	拉林河入库口内	支流浓度范围	水库出口	西大河入库口内	洒沙河入库口内	拉林河入库口内	支流浓度范围
2016 年	4.5	4.2	4.2	4.3	4.2 ~ 4.3	1.49	1.82	1.84	1.82	1.82 ~ 1.84
2017 年	4.0	3.5	3.2	3.6	3.2 ~ 3.6	1.37	1.68	1.84	1.98	1.68 ~ 1.98
2018 年	4.5	4.0	4.0	3.8	3.8 ~ 4.0	1.52	1.73	1.67	1.82	1.67 ~ 1.73
2019 年	5.6	4.9	4.5	3.3	3.32 ~ 4.9	1.74	1.86	1.99	1.85	1.85 ~ 1.99

注:2020 年未开展入库支流监测。

6.6　污染特点及原因分析

"十三五"期间,哈尔滨市集中式饮用水水源地磨盘山水库参考指标总氮(不参与评价)持续超过地表水Ⅲ类标准,存在一定的富营养化风险。高锰酸盐指数部分月份较高接近Ⅲ类标准临界值 6 mg/L,虽未超标,但存在超标风险。主原因有两个:一是自然的水土流失,水库上游集水区位于山区,土壤中腐殖质较多,有机质含量高,自然降水形成地表径流,由于山势较陡,地表径流会携带部分土壤颗粒进入水库,导致水中氮、高锰酸盐指数等营养元素浓度的上升;二是水库上游集水区历史上的农业面源污染进入水库,造成氮、磷等营养元素浓度较高。

区、县(市)城关镇水源地超标指标有氨氮、高锰酸盐指数、生化需氧量、铁和锰。其中铁和锰超标是由原生地质环境造成的;氨氮、高锰酸盐指数和生化需氧量主要受生活污水和农业、养殖业影响,经水厂处理和消毒后可保证供水水质达标。

6.7 本 章 小 结

"十三五"期间,哈尔滨市城区集中式饮用水水源地磨盘山水库出口点位水质稳定达到Ⅲ类标准,水量达标率均为 100% ,受入库支流影响,总氮浓度较高,存在一定富营养化风险。"十三五"期间,区、县(市)城关镇水质有所好转,10 个集中式饮用水水源地水量达标率自 2016 年上升后逐渐趋于稳定。地表水水源地主要污染指标为生化需氧量、高锰酸盐指数、总磷;地下水水源地主要污染指标为锰、铁、氨氮,其中铁、锰超标集中在东北部。

第 7 章　声环境质量

7.1　网络布设及评价方法

7.1.1　点位布设、监测指标及频次

"十三五"期间,哈尔滨市开展区域声环境、道路交通声环境、功能区声环境监测工作。

区域声环境质量监测工作在主城区及各县(市)开展,主城区建成区划分为 308 个 700 m×700 m 等大小的正方形网格,每个网格中心布设 1 个监测点位,共设置有效区域环境声环境监测点位 216 个,各县(市)按照实际情况划分网格,昼间区域声环境每年开展一次,夜间区域声环境 2018 年开展一次。

道路交通声环境质量监测工作在主城区及各县(市)开展,主城区建成区共布设 158 个道路交通监测点位,各县(市)按照实际情况布设点位,昼间道路交通声环境每年开展一次,夜间道路交通声环境 2018 年开展一次。

功能区声环境质量监测工作在主城区开展,主城区建成区内共布设声环境功能区点位 17 个,其中 1 类功能区 3 个,2 类功能区 6 个,3 类功能区 4 个,4 类功能区 4 个。每季度监测 1 次,每次 24 小时连续监测。

7.1.2　分析评价方法

道路声环境质量、区域声环境质量依据《环境噪声监测技术规范 城市声环境常规检测》(HJ 640—2012)进行评价。功能区声环境质量依据《声环境质量标准》(GB 3096—2008)进行评价。

7.2　监测结果及现状评价

7.2.1　区域声环境质量现状

7.2.1.1　城区区域声环境质量现状

2020 年城区区域声环境质量为一般(三级),区域声环境等效声级范围为 50.3 ~ 76.2 dB(A),平均等效声级为 58.0 dB(A),同比下降 1.7 dB(A)。

2020 年哈尔滨市区域声环境质量等级评价为一般(三级)及以上的占总测点数的 74.1%。较好(二级)为 39.4%,一般(三级)为 34.7%,较差(四级)为 11.1%,差(五级)为

14.8%。2020 年哈尔滨市城区区域声环境评价见表 7 – 1。

表 7 – 1　2020 年哈尔滨市城区区域声环境评价　　　　　　　　　单位:个

等级	好	较好	一般	较差	差
点位数量	0	85	75	24	32

2020 年哈尔滨市城区区域声环境监测面积 105.84 km², 其中 1 类区域平均等效声级为 55.5 dB(A), 超过国家标准 0.5 dB(A), 2 类、3 类、4 类区域平均等效声级均达标。城区区域声环境达标总面积为 84.28 km², 占监测面积的 79.6%, 同比上升 14.8 个百分点。2020 年哈尔滨市城区各类区域声环境达标情况见表 7 – 2。

表 7 – 2　2020 年哈尔滨市城区各类区域声环境达标情况　　　　　　单位:km²

区域	1 类标准适用区域	2 类标准适用区域	3 类标准适用区域	4 类标准适用区域	总计
监测面积	11.76	70.07	6.86	17.15	105.84
达标面积	5.88	62.23	6.86	9.31	84.28
达标率/%	50.0	88.8	100	54.2	79.6

7.2.1.2　各区区域声环境质量现状

2020 年哈尔滨市各区区域声环境昼间时段平均等效声级为 54.0 ~ 60.1 dB(A)。全市各行政区区域声环境平均等效声级与全市声环境平均等效声级相比,平房区、松北区、南岗区昼间时段平均等效声级低于全市;道里区、道外区和香坊区昼间时段平均等效声级高于全市。2020 年各区昼间区域声环境评价图如图 7 – 1 所示。

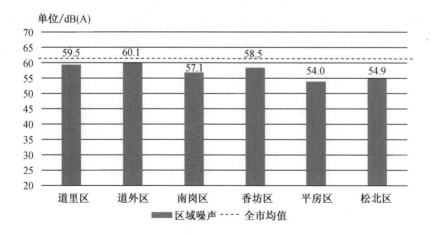

图 7 – 1　2020 年各区昼间区域声环境评价图

7.2.1.3 区、县(市)区域声环境质量现状

2020 年哈尔滨市所辖区、县(市)城镇区域声环境平均等效声级范围为 44.6 ~ 64.7 dB(A),其中依兰县平均等效声级最低,为 44.6 dB(A);通河县最高,为 64.7 dB(A)。尚志市、依兰县区域声环境质量为好(一级),宾县、延寿县、木兰县、方正县为较好(二级),双城区、五常市、巴彦县为一般(三级),通河县为较差(四级)。2020 年区、县(市)区域声环境质量状况见表 7 - 3。

表 7 - 3 2020 年区、县(市)区域声环境质量状况 单位:dB(A)

区、县(市)	监测值	质量等级	评价等级	区、县(市)	监测值	质量等级	评价等级
双城区	57.6	三级	一般	依兰县	44.6	一级	好
五常市	58.9	三级	一般	延寿县	53.1	二级	较好
尚志市	49.8	一级	好	木兰县	54.8	二级	较好
巴彦县	58.8	三级	一般	通河县	64.7	四级	较差
宾 县	52.0	二级	较好	方正县	54.8	二级	较好

注:呼兰区、阿城区未监测。

7.2.2 道路交通声环境质量现状

7.2.2.1 城区道路交通声环境质量现状

2020 年哈尔滨市道路交通声环境昼间时段平均等效声级为 70.2 dB(A),同比下降 1.3 dB(A)。

2020 年哈尔滨市道路交通声环境昼间平均等效声级总体评价为一般(三级),66 条道路中评价为一般及以上共计 58 条,占比 87.9%;评价为好(一级)共 9 条,占比 13.6%;评价为较好(二级)共 21 条,占比 31.8%;评价为一般(三级)共 28 条,占比 42.4%;评价为较差(四级)共 7 条,占比 10.6%;评价为差(五级)共 1 条,占比 1.5%。

2020 年哈尔滨市道路交通声环境监测总路段长 120.2 km。平均等效声级低于或等于 70 dB(A)干线长度共计 58.1 km,占监测干线总路长的 48.3%,其中评价为好(一级)的路段长度占比 15.6%,评价为较好(二级)的路段长度占比 32.7%;超过 70 dB(A)干线长度共计 62.1 km,占监测干线总路长的 51.7%,其中评价为一般(三级)的路段长度占比 42.2%,评价为较差(四级)的路段长度占比 7.6%,评价为差(五级)的路段长度占比 1.9%。2020 年哈尔滨市道路交通声环境路段评价统计见表 7 - 4。

表7-4 2020年哈尔滨市道路交通声环境路段评价统计

年份	项目	好	较好	一般	较差	差	超过70 dB(A)干线
2020年	路段长度/km	18.8	39.3	50.7	9.1	2.3	62.1
	占干线总长/%	15.6	32.7	42.2	7.6	1.9	51.7

7.2.2.2 各区道路交通声环境质量现状

2020年各区昼间道路交通声环境平均等效声级为68.5~71.5 dB(A),各区道路交通声环境平均等效声级与全市相比,平房区、道里区、南岗区昼间时段平均等效声级低于全市;道外区和香坊区昼间时段平均等效声级高于全市。2020年各区昼间道路交通声环境评价图如图7-2所示。

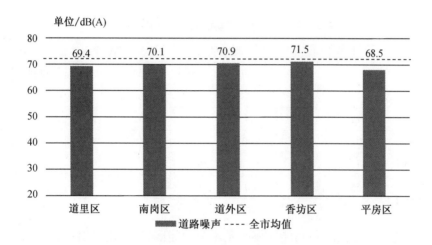

图7-2 2020年各区昼间道路交通声环境评价图

7.2.2.3 区、县(市)道路交通声环境质量现状

2020年哈尔滨市所辖区、县(市)城镇昼间道路声环境平均等效声级范围为59.6~74.0 dB(A),其中双城区平均等效声级最低,为59.6 dB(A);五常市最高,为74.0 dB(A)。双城区、尚志市、宾县、依兰县、延寿县、木兰县、通河县和方正县道路交通声环境质量为好(一级),巴彦县为较好(二级),其他县(市)为较差(四级)。2020年区、县(市)道路交通声环境质量状况见表7-5。

表7-5 2020年区、县(市)道路交通声环境质量状况 单位:dB(A)

区县(市)	监测值	质量等级	评价等级	区县(市)	监测值	质量等级	评价等级
双城区	59.6	一级	好	依兰县	66.9	一级	好
五常市	74.0	四级	较差	延寿县	62.5	一级	好

表 7 -5(续)

区县(市)	监测值	质量等级	评价等级	区县(市)	监测值	质量等级	评价等级
尚志市	66.3	一级	好	木兰县	62.3	一级	好
巴彦县	69.6	二级	较好	通河县	65.9	一级	好
宾 县	66.7	一级	好	方正县	62.2	一级	好

7.2.3 功能区声环境质量现状

2020 年哈尔滨市城区各类功能区昼间达标 57 点次,占昼间监测点次的 83.8%;夜间达标 38 点次,占夜间监测点次的 55.9%。从年平均等效声级看,2、3 类功能区昼、夜间均达标,1、4 类功能区昼间达标、夜间超标。2020 年各类功能区声环境达标情况见表 7 -6。

表 7 -6　2020 年各类功能区声环境达标情况

功能区	1 类功能区		2 类功能区		3 类功能区		4 类功能区	
	昼间	夜间	昼间	夜间	昼间	夜间	昼间	夜间
达标点次	12	4	24	20	16	14	9	0
监测点次	12	12	24	24	16	16	16	16
达标率/%	100	33.3	100	83.3	100	87.5	56.2	0
年均值/dB(A)	51.2	46.6	52.4	46.4	54.2	49.8	69.2	63.2
标准值/dB(A)	55	45	60	50	65	55	70	55

从各季度达标情况看,1 类功能区夜间及 4 类功能区昼间、夜间出现超标情况,其他各类功能区昼、夜间均达标。昼间达标率好于夜间达标率,1、4 季度优于 2、3 季度。2020 年功能区平均等效声级及达标率统计见表 7 -7。

表 7 -7　2020 年功能区平均等效声级及达标率统计　　　　　　　单位:dB(A)

统计项目		1 季度	2 季度	3 季度	4 季度	年均值	标准限值
1 类区	昼间	49.9	51.8	50.3	53.0	51.2	55
	夜间	44.3	47.4	46.2	48.3	46.6	45
2 类区	昼间	50.9	51.6	53.6	53.4	52.4	60
	夜间	41.8	48.3	47.7	47.6	46.4	50
3 类区	昼间	53.3	53.1	54.0	56.6	54.2	65
	夜间	50.4	49.8	49.5	49.7	49.8	55
4 类区	昼间	68.2	69.9	68.1	70.8	69.2	70
	夜间	60.6	62.8	63.5	65.9	63.2	55

表 7-7（续）

统计项目		1 季度	2 季度	3 季度	4 季度	年均值	标准限值
达标率 /%	昼间	94.1	88.2	94.1	94.1	—	—
	夜间	64.7	58.8	52.9	58.8	—	—

2020 年哈尔滨市共对 3 个 1 类功能区声环境质量进行监测。各点位 1—4 季度功能区昼间声环境质量均达标:哈师大点位 1 季度功能区夜间声环境质量达标,2—4 季度未达标;船院点位 3 季度夜间功能区达标,2—4 季度未达标;工力所点位 1、2 季度夜间达标,3、4 季度未达标。

2020 年哈尔滨市共对 6 个 2 类功能区声环境质量进行监测。各点位 1—4 季度功能区昼间声环境质量均达标。各点位功能区夜间声环境质量除工大招待所 2 季度、哈一机招待所 3 季度、安埠街 2 季度、太古街 3 季度监测值超标外,其他监测值均达标。

2020 年哈尔滨市共对 4 个 3 类功能区声环境质量进行监测。各点位 1—4 季度功能区昼间声环境质量均达标。各点位功能区夜间声环境质量除平房工业区 1、2 季度监测值超标外,其他监测值均达标。

2020 年哈尔滨市共对 4 个 4 类功能区声环境质量进行监测。各点位功能区昼间声环境质量除新阳路 1 季度、西大直街 2 季度及外环北路 2、3 季度监测值超标外,其他监测值均达标。各点位功能区夜间声环境质量均超标。

2020 年哈尔滨市 1—4 类功能区声环境昼间等效声级高于夜间,6 时—16 时各功能区声环境较为稳定,17 时—0 时呈下降趋势,0 时—3 时处于波谷阶段,3 时—5 时呈上升趋势。波动情况与生产生活时间变化基本一致。2020 年哈尔滨市 1~4 类功能区声环境 24 小时变化如图 7-3 所示。

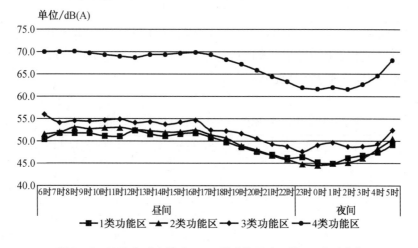

图 7-3 2020 年哈尔滨市 1~4 类功能区声环境 24 小时变化

7.3 "十三五"与"十二五"时空变化规律

7.3.1 "十三五"时间变化规律

7.3.1.1 区域声环境变化情况

"十三五"期间,市区昼间区域声环境年平均等效声级为58.5~59.7 dB(A),2016—2019年呈升高趋势,2020年呈下降趋势,区域声环境质量评价等级均为一般(三级),达标率为64.8%~81.5%,2016—2019年呈明显下降趋势,2020年上升幅度较大。"十三五"哈尔滨市昼间区域声环境监测值及达标率如图7-4所示。

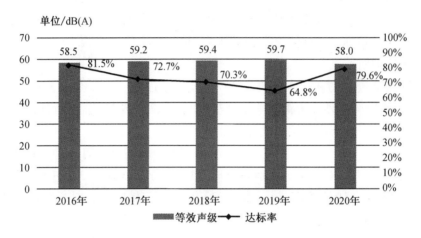

图7-4 "十三五"哈尔滨市昼间区域声环境监测值及达标率

"十三五"期间,哈尔滨市各类区域声环境质量总体稳定,1类区域平均等效声级超标年份较多,其他区域能稳定达标。2、3类区域达标率较高,1、4类达标率较低。"十三五"哈尔滨市各类区域声环境昼间达标情况见表7-8。

表7-8 "十三五"哈尔滨市各类区域声环境昼间达标情况　　　　单位:%

年份	1类区域达标率	2类区域达标率	3类区域达标率	4类区域达标率
2016 年	41.7	91.6	100	60.0
2017 年	66.7	81.1	100	54.3
2018 年	41.7	76.2	100	54.3
2019 年	37.5	73.1	85.7	60.0
2020 年	50.0	88.8	100	54.2

"十三五"期间,夜间区域声环境质量评价等级为较差。2、3类夜间区域声环境质量达

标率高于1、4类达标率。总体达标率较低,为44.0%。"十三五"哈尔滨市各类区域声环境夜间达标情况见表7-9。

表7-9 "十三五"哈尔滨市各类区域声环境夜间达标情况

年份	1类区达标率/%	2类区达标率/%	3类区达标率/%	4类区达标率/%	达标率/%	等效声级/dB(A)
2018年	12.4	47.6	85.7	34.3	44.0	50.4

7.3.1.2 道路交通声环境变化情况

"十三五"期间,市区昼间道路交通声环境平均等效声级为70.2~73.4 dB(A),声环境质量评价等级由较差转为一般,有明显上升趋势。评价等级为好、较好、一般的交通干线长度逐年增加,较差、差等级下降趋势明显。超过70 dB(A)的交通干线长度明显减少。"十三五"哈尔滨市道路交通声环境平均等效声级如图7-5所示,"十三五"昼间道路交通声环境评价见表7-10。

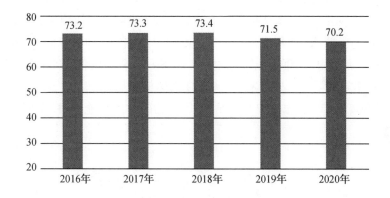

图7-5 "十三五"哈尔滨市道路交通声环境平均等效声级

表7-10 "十三五"昼间道路交通声环境评价

年份	指标	好	较好	一般	较差	差	超过70 dB(A)干线
2016年	路段长度/km	2.6	20.6	15.6	43.4	38	97.0
	占干线总长/%	2.2	17.1	13.0	36.1	31.6	80.7
2017年	路段长度/km	9.8	7.5	36.9	34.3	31.7	102.9
	占干线总长/%	8.2	6.2	30.7	28.5	26.4	85.6
2018年	路段长度/km	3.8	5.5	27.4	44.1	39.4	110.9
	占干线总长/%	3.2	4.6	22.8	36.7	32.8	92.3
2019年	路段长度/km	15.4	27.0	35.2	309	11.7	77.8
	占干线总长/%	12.8	22.5	29.3	25.7	9.7	64.7

表 7 – 10(续)

年份	指标	好	较好	一般	较差	差	超过 70 dB(A)干线
2020 年	路段长度/km	18.8	39.3	50.7	9.1	2.3	32.1
	占干线总长/%	15.6	32.7	42.2	7.6	1.9	51.7

"十三五"期间,夜间道路交通声环境质量评价等级为较差(四级),平均等效声级70.4 dB(A),超过一般(三级)评价等级(62 dB(A))8.4 dB(A)。"十三五"夜间道路交通声环境评价见表 7 – 11。

表 7 – 11   "十三五"夜间道路交通声环境评价   单位:dB(A)

年份	L10	L50	L90	Leq	评价等级
2018 年	72.9	66.6	61.1	70.4	一般

7.3.1.3   功能区声环境变化情况

"十三五"期间,哈尔滨市各类功能区声环境质量昼间达标率波动较大,总体呈稳定趋势。2016—2017 年显著下降,2020 年显著上升。功能区夜间声环境质量总体较差。2018—2019 年夜间达标率极低,2020 年有所好转。其中 2 类功能区昼间、夜间达标率基本平稳;3 类功能区昼间达标率均为 100%,夜间达标率 2018—2019 年较低,2020 年有所上升;4 类功能区昼间达标率 2019 年、2020 年有所上升,夜间达标率均为 0%。"十三五"哈尔滨市功能区昼、夜间声环境达标情况如图 7 – 6 所示,"十三五"各类功能区昼、夜间声环境达标情况见表 7 – 12。

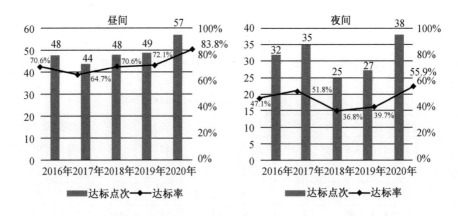

图 7 – 6   "十三五"哈尔滨市功能区昼、夜间声环境达标情况
注:达标点次单位为个,达标率单位为%。

表 7－12 "十三五"各类功能区昼、夜间声环境达标情况 单位:%

功能区	1类功能区		2类功能区		3类功能区		4类功能区	
	昼间	夜间	昼间	夜间	昼间	夜间	昼间	夜间
2016年	75.0	33.3	95.8	70.8	100	68.8	0	0
2017年	41.7	25.0	95.8	66.7	100	100	0	0
2018年	66.7	0	100	62.5	100	62.5	0	0
2019年	50.0	0	83.3	70.8	100	62.5	43.8	0
2020年	100	33.3	100	83.3	100	87.5	56.2	0

"十三五"期间,哈尔滨市 1~4 类功能区平均等效声级达标情况相差较大。2、3 类功能区各年昼、夜间能稳定达标。1 类功能区夜间,4 类功能区昼、夜间达标情况差。昼间超标情况好于夜间。"十三五"各类功能区昼、夜间声环境监测结果见表 7－13。

表 7－13 "十三五"各类功能区昼、夜间声环境监测结果 单位:dB(A)

功能区	1类功能区		2类功能区		3类功能区		4类功能区	
	昼间	夜间	昼间	夜间	昼间	夜间	昼间	夜间
2016年	53.7	47.8	55.7	48.9	56.2	51.0	73.4	68.2
2017年	55.4	49.7	57.2	49.6	58.4	52.7	74.5	68.6
2018年	54.8	49.9	54.3	49.8	58.7	53.3	72.6	67.2
2019年	55.0	49.0	54.6	47.4	57.1	52.9	70.8	65.3
2020年	51.2	46.6	52.4	46.4	54.2	49.8	69.2	63.2
标准值	55	45	60	50	65	55	70	55

7.3.2 "十三五"空间变化规律

7.3.2.1 区域声环境变化情况

"十三五"期间,哈尔滨市各区区域声环境五年平均等效声级为 54.6~60.1 dB(A),最高为道外区,最低为松北区,呈现城市中心高,城市周边区域低。各年间松北区、平房区优于其他区。"十三五"各区区域声环境统计见表 7－14。

表 7－14 "十三五"各区区域声环境统计 单位:dB(A)

区	2016年	2017年	2018年	2019年	2020年	"十三五"
道里区	58.7	59.0	61.2	60.5	59.5	59.8
道外区	59.2	60.8	60.9	59.6	60.1	60.1
南岗区	58.9	58.2	59.8	59.8	57.1	58.8

表 7 – 14(续)

区	2016 年	2017 年	2018 年	2019 年	2020 年	"十三五"
香坊区	58.5	60.9	58.6	62.1	58.5	59.7
平房区	56.2	57.2	56.1	55.0	54.0	55.7
松北区	55.5	55.2	53.3	54.0	54.9	54.6

7.3.2.2 道路交通声环境变化情况

"十三五"期间,哈尔滨市各区道路交通声环境五年平均等效声级除平房区外均超过 70 dB(A),为 69.6 ~ 74.2 dB(A),最高为香坊区,最低为平房区,呈现城市中心区高,城市周边区域低。香坊区道路各年平均等效声级均较高。"十三五"各区道路交通声环境统计见表 7 – 15。

表 7 – 15 "十三五"各区道路交通声环境统计   单位:dB(A)

区	2016 年	2017 年	2018 年	2019 年	2020 年	十三五
道里区	72.8	73.0	72.9	71.2	69.4	71.9
道外区	73.1	73.0	72.9	73.0	70.9	72.6
南岗区	72.4	72.8	74.4	72.0	70.1	72.3
香坊区	75.8	76.3	75.7	71.5	71.5	74.2
平房区	69.8	71.1	71.4	67.0	68.5	69.6

7.3.2.3 功能区声环境变化情况

"十三五"期间,哈尔滨市 1 ~ 4 类功能区昼间声环境监测结果中,10 个 2、3 类功能区的"十三五"及各年平均等效声级均能稳定达标,1 类功能区中哈师大、船院 2 个点位出现超标情况,4 类功能区西大直街点位出现超标情况。

"十三五"期间,哈尔滨市 1 ~ 4 类功能区夜间声环境监测结果中,2、3 类各功能区"十三五"平均等效声级均能稳定达标,1 类功能区中哈师大、船院、工力所点位"十三五"及各年平均等效声级超标情况较为严重,4 类功能区中新阳路、西大直街、外环北路、东直路点位"十三五"及各年平均等效声级超标严重。

7.3.3 "十三五"与"十二五"时间变化规律

7.3.3.1 区域声环境变化情况

"十三五"期间,哈尔滨市城区昼间区域声环境平均等效声级为 59.0 dB(A),与"十二五"相比上升 2.0 dB(A),1 类区达标率明显下降,2 类区、4 类区达标率基本稳定,3 类区达标率均为100%。夜间区域声环境平均等效声级为50.4 dB(A),与"十二五"相比上升3.9 dB(A),达标率大幅下降。

2020年市区昼间区域声环境平均等效声级较2015年下降0.3 dB(A),达标率下降0.5个百分点。"十三五"与"十二五"昼间区域声环境对比见表7-16所示,"十三五"与"十二五"哈尔滨市夜间区域声环境对比如图7-7所示,2020年与2015年哈尔滨市昼间区域声环境对比如图7-8所示。

表7-16 "十三五"与"十二五"昼间区域声环境对比

时间	1类区达标率/%	2类区达标率/%	3类区达标率/%	4类区达标率/%	达标率/%	等效声级/dB(A)
"十三五"	41.7	91.6	100	60	81.5	59.0
"十二五"	66.7	81.1	100	54.3	72.7	57.0
变化	↓25.0	↑10.5	—	↑5.7	↑8.8	↑2.0

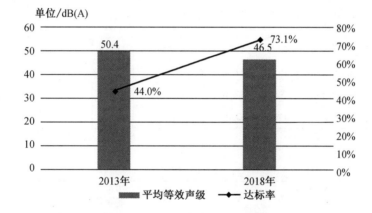

图7-7 "十三五"与"十二五"哈尔滨市夜间区域声环境对比

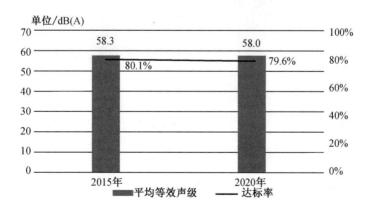

图7-8 2020年与2015年哈尔滨市昼间区域声环境对比

7.3.3.2 道路交通声环境变化情况

"十三五"期间,市区昼间道路交通声环境平均等效声级72.3 dB(A),与"十二五"相比上升3.2 dB(A)。路段评价等级较"十二五"期间有所下降,评价等级为好的路段长度占比下降明显,评价等级为较好的长度占比有所上升,等级为一般、较差和差的路段占比明显增加。超过70 dB(A)干线占比由"十二五"的37.6%上升到70%。夜间道路交通声环境平均等效声级为70.4 dB(A),与"十二五"相比上升3.9 dB(A),环境质量评价等级均为较差。道路交通声环境质量大幅下降。

2020年市区昼间道路交通声环境平均等效声级较2015年升高2.8 dB(A)。"十三五"与"十二五"昼间道路交通声环境对比见表7-17,"十三五"与"十二五"哈尔滨市夜间道路交通声环境对比如图7-9所示,2020年与2015年哈尔滨市昼间道路交通声环境对比如图7-10所示。

表7-17 "十三五"与"十二五"昼间道路交通声环境对比

年份	项目	好	较好	一般	较差	差	超过70 dB(A)干线	等效声级/dB(A)
"十三五"	路段长度/km	92.4	183	303.8	296.4	225.5	420.7	72.3
	占干线总长/%	15.4	30.4	50.5	49.3	37.5	70	
"十二五"	路段长度/km	252.2	122.8	112.3	51.8	61.9	226	69.1
	占干线总长/%	41.9	20.4	18.7	8.6	10.3	37.6	

图7-9 "十三五"与"十二五"哈尔滨市夜间道路交通声环境对比

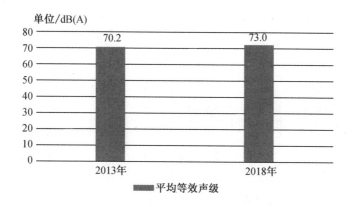

图7-10 2020年与2015年哈尔滨市昼间道路交通声环境对比

7.3.3.3 功能区声环境变化情况

与"十二五"期间相比,"十三五"哈尔滨市1~4类功能区声环境质量昼间达标率保持稳定,夜间达标率有小幅下降,其中1类、3类功能区夜间达标率分别下降13.4%和18.7%,2类区、4类区夜间达标率趋势平稳。

2020年与2015年相比的变化情况同"十三五"与"十二五"的变化一致,1类、3类夜间达标率下降,各类功能区昼间达标率稳中有升,较2015年有所上升。"十三五"与"十二五"各类功能区达标率对比见表7-18。

表7-18 "十三五"与"十二五"各类功能区达标率对比

单位:%

时间	1类区达标率		2类区达标率		3类区达标率		4类区达标率	
	昼间	夜间	昼间	夜间	昼间	夜间	昼间	夜间
"十三五"	66.7	18.3	95.0	70.8	100	76.3	20.0	0.0
"十二五"	66.1	31.7	92.5	65.8	100	95.0	20.0	0.0
变化	↑0.6	↓13.4	↑2.5	↑5.0	—	↓18.7	—	—
2020年	100	33.3	100	83.3	100	87.5	56.2	0.0
2015年	75.0	41.7	87.5	41.7	100	100	18.8	0.0
变化	↑25.0	↓8.4	↑12.5	↑41.6	—	↓12.5	↑37.4	—

与"十二五"期间相比,"十三五"哈尔滨市1~4类功能区声环境质量昼、夜间平均等效声级小幅下降。1类功能区夜间、4类功能区昼、夜间平均等效声级超标,其中4类功能区夜间超标情况较严重,其他平均等效声级均能稳定达标。与2015年相比,2020年除3类功能区昼、夜间平均等效声级上升外,其他各类功能区昼、夜间平均等效声级均有所下降。1类、4类功能区夜间平均等效声级未达标。4类功能区昼间平均等效声级降至70 dB(A)以下,达到标准值要求。"十三五"与"十二五"功能区声环境平均等效声级对比见表7-19。

表 7 – 19　"十三五"与"十二五"功能区声环境平均等效声级对比　　　单位:dB(A)

时间	1 类功能区		2 类功能区		3 类功能区		4 类功能区	
	昼间	夜间	昼间	夜间	昼间	夜间	昼间	夜间
"十三五"	54.6	47.4	55.2	48.0	55.8	48.7	71.4	64.2
"十二五"	54.0	48.6	54.8	48.4	56.9	51.9	72.1	66.5
变化	↑0.6	↓1.2	↑0.4	↓0.4	↓1.1	↓3.2	↓0.7	↓2.3
2020 年	51.2	46.6	52.4	46.4	54.2	49.8	69.2	63.2
2015 年	54.8	46.9	55.1	47.2	53.8	48.4	71.6	64.5
变化	↓3.6	↓0.3	↓2.7	↓1.0	↑0.4	↑1.4	↓2.4	↓1.3
标准值	55	45	60	50	65	55	70	55

7.3.4　"十三五"与"十二五"空间变化规律

7.3.4.1　区域声环境变化情况

"十二五"期间,哈尔滨市各区区域声环境五年平均等效声级为 55.2 ~ 57.6 dB(A),最高为香坊区,最低为平房区。空间变化规律与"十三五"时期基本一致,呈现城市中心区高,城市周边区域低,各区"十三五"五年平均等效声级均高于"十二五"。"十三五"与"十二五"各区区域声环境变化见表 7 – 20。

表 7 – 20　"十三五"与"十二五"各区区域声环境变化　　　单位:dB(A)

时间	道里区	道外区	南岗区	香坊区	平房区	松北区
"十三五"	59.8	60.1	58.8	59.7	55.7	54.6
"十二五"	57.3	57.3	57.2	57.6	55.2	56.4

7.3.4.2　道路交通声环境变化情况

"十二五"期间,哈尔滨市道路交通声环境各区五年平均等效声级为 67.6 ~ 69.5 dB(A),最高为南岗区,最低为平房区。空间变化规律与"十三五"期间一致,呈现城市中心区高,城市周边区域低,"十三五"各区五年平均等效声级均高于"十二五"。"十三五"与"十二五"各区道路交通声环境变化见表 7 – 21。

表 7 – 21　"十三五"与"十二五"各区道路交通声环境变化　　　单位:dB(A)

时间	道里区	道外区	南岗区	香坊区	平房区
"十三五"	71.9	72.6	72.3	74.2	69.6
"十二五"	69.3	69.2	69.5	68.5	67.6

7.3.4.3 功能区声环境变化情况

"十二五"期间,哈尔滨市 1~4 类昼间功能区声环境中 1~3 类共计 13 个功能区平均等效声级均能稳定达标,4 类功能区均超标。空间变化规律与"十三五"期间一致。呈现 1~3 类功能区达标情况较好,4 类功能区超标严重的规律。其中 4 类功能区中西大直街功能区超标情况严重。"十三五"与"十二五"哈尔滨市功能区昼间声环境对比如图 7-11 所示。

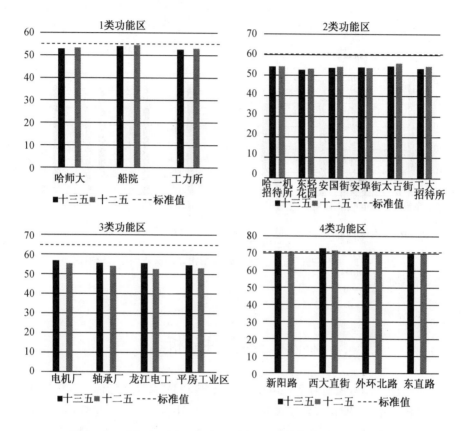

图 7-11 "十三五"与"十二五"哈尔滨市功能区昼间声环境对比

注:单位为 dB(A)。

"十二五"期间,哈尔滨市 1~4 类功能区夜间声环境监测结果中,10 个 2、3 类功能区的平均等效声级均能稳定达标,1、4 类功能区 7 个点位均超标。空间变化规律与"十三五"期间一致,呈现 2、3 类功能区达标情况较好,1、4 类功能区超标情况突出的规律。其中 1 类功能区船院点位超标情况严重,4 类功能区中西大直街点位超标情况严重。"十三五"与"十二五"哈尔滨市功能区夜间声环境对比如图 7-12 所示。

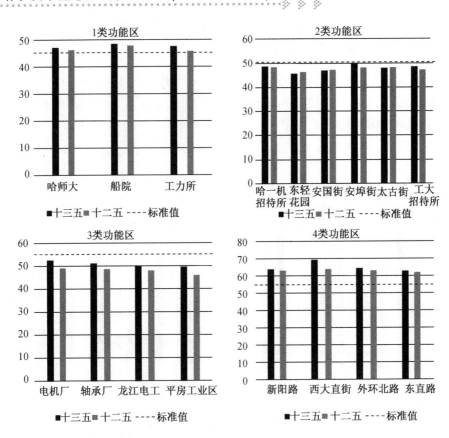

图7-12 "十三五"与"十二五"哈尔滨市功能区夜间声环境对比

注:单位为 dB(A)。

7.4 相关性分析

利用皮尔逊相关系数法对近5年声环境质量和同期社会经济指标数据任意变量间的相关程度进行分析。结果表明:道路交通声环境质量和社会生产总值呈现高度正相关;区域声环境质量和人口数量呈现高度负相关;区域声环境质量和汽车保有量呈现高度正相关。哈尔滨市声环境与社会经济指标相关系数统计表见表7-22。

表7-22 哈尔滨市声环境与社会经济指标相关系数统计表

	国内生产总值	人口	汽车保有量	货物运输总量
道路声环境	0.99	0.37	-0.65	-0.71
区域声环境	-0.44	-0.97	0.95	0.59
1类功能区昼间	0.18	-0.78	0.56	0.38
2类功能区昼间	0.80	0.46	-0.69	-0.11
3类功能区昼间	0.37	-0.73	0.46	0.15
4类功能区昼间	0.91	0.52	-0.77	-0.35

表7-22(续)

	国内生产总值	人口	汽车保有量	货物运输总量
1类功能区夜间	0.09	-0.91	0.71	0.26
2类功能区夜间	0.98	0.12	-0.45	-0.58
3类功能区夜间	-0.03	-0.94	0.78	0.35
4类功能区夜间	0.90	0.38	-0.66	-0.27

注:高度相关(0.8≤|r|<1);显著相关(0.5≤|r|<0.8);中度相关(0.3≤|r|<0.5);微弱相关(0<|r|<0.3)。

7.5 污染特点及原因分析

"十三五"期间,哈尔滨市声环境质量呈现城市中心区高,城市周边区域低的特点,与"十二五"相比,道路交通声环境、区域声环境质量均有所上升,2020年受到新冠肺炎疫情的影响,与2019年和2015年相比,各类声环境质量均有所好转。哈尔滨市声环境质量状况与社会经济发展增量基本保持一致,各区域主要声源由交通噪声、社会生活噪声、建筑噪声和其他噪声组成。交通噪声主要来源于汽车噪声,社会生活噪声是由各种生活设施、人群活动等产生,建筑噪声则具有突发性、冲击性和不规律性特征。"十三五"期间,哈尔滨市城市发展速度较快,人员流动性大,汽车保有量不断增长,从2015年116.6万辆增长到2020年的212.7万辆,主干道路交通拥堵现象严重,导致交通噪声日益严重,常住人口保持在950万以上,人口的增长及商业场所的增多,使得城市生活噪声污染加重。

"十三五"期间,哈尔滨市还沿用《哈尔滨市人民政府关于调整城市区域环境噪声标准适用区域的通知》(哈政发〔2011〕12号)的声环境功能区划分。随着近十年城市的发展及建成区面积的扩大,城市规模、建设功能用地、城市功能布局、城市路网布局及各声环境功能区的环境噪声现状都发生了变化,该规划已经滞后于城市发展速度。

7.6 本章小结

2020年哈尔滨市声环境质量总体较为稳定,较2019年有所好转。区域声环境质量小幅改善,平均等效声级同比下降1.7 dB(A)。达标总面积占监测面积的79.6%,同比上升14.8个百分点。道路交通声环境质量有所改善,平均等效声级为70.2 dB(A),同比下降1.3 dB(A)。功能区声环境质量保持稳定,2、3类功能区较好,1、4类功能区超标情况依然较为严重。

与2015年相比,2020年市区昼间区域声环境平均等效声级下降0.3 dB(A),达标率下降0.5个百分点;2020年市区昼间道路交通声环境平均等效声级升高2.8 dB(A);2020年各类功能区昼间达标率均有所上升。

"十三五"期间,哈尔滨市声环境质量整体稳中转好。区域声环境质量评价等级均为一般,达标率为64.8%~81.5%,昼间区域声环境等效声级平均值基本平稳。昼间道路交通噪声环境质量评价等级由较差转为一般,有明显好转趋势,评价等级为好、较好、一般的交通干线长度逐年增加,较差、差等级下降趋势明显,超过 70 dB(A) 的交通干线长度明显减少,夜间道路交通声环境质量评价等级为较差。功能区声环境质量达标率总体无明显变化,1、2、3、4 类功能区昼间达标率基本保持稳定,1 类功能区、3 类功能区夜间达标率有所下降,2 类功能区、4 类功能区夜间达标率基本稳定。

第8章 生态环境质量

8.1 监测概况及数据来源

"十三五"期间,对覆盖哈尔滨地区的2016—2020年共676幅高分辨率卫星遥感影像分年度进行高精度几何校正,并对哈尔滨市域内各区、县(市)2016—2020年生态遥感解译图层分年度进行质量检测。经提取2016—2020年哈尔滨市土地利用/覆盖现状数据、2016—2020年哈尔滨市土地利用/覆盖动态变化数据,并结合典型地貌野外核查,最终完成哈尔滨市生态环境质量状况评价工作。

8.1.1 数据来源

生态环境质量状况评价数据由遥感解译数据、其他数据和规范参数三部分组成。生态环境质量数据来源见表8-1。

表8-1 生态环境质量数据来源

评价数据		获取途径	数据来源
遥感数据		分辨率为10 m的"资源3号"地球资源卫星遥感影像和分辨率为8 m的高清遥感影像	中国环境监测总站
其他数据	河流长度	全国2000年1:25万DLG数据库	黑龙江第二测绘工程院
	水土流失	黑龙江省水土调查数据	黑龙江省水利厅
	水资源量	《哈尔滨市水资源公报》	哈尔滨市水务局
	年降雨量	《哈尔滨市统计年鉴》	哈尔滨市气象台
	环境统计数据	环境统计数据库(包含农垦辖区各污染物的排放量)	黑龙江省生态环境厅
规范参数		生物丰度指数、植被覆盖指数、水网密度指数、土地胁迫指数和污染负荷指数的多个归一化系数	中国环境监测总站

8.1.2 质量控制方法

质量保证和质量控制严格执行《生态遥感监测质量保证与质量控制暂行技术要求》。针对影响遥感数据准确性的因素,主要做了以下两方面的工作。一是对解译工作成果进行严格的质量检查。解译人员完成对影像的解译后,先对自己的工作成果进行自检,然后不同解译人员之间进行互检,检查合格后报质检员检查。质检员检查合格后上报数据;检查不合格,则返回修改直至合格后上报。上报数据通过了省站的质检和国家总站的抽检,达到了一级分类 >95%、二级分类 >80%、三级分类 >70% 的精度要求。二是加大野外核查力度。通过野外核查,实地确认核查点的土地利用/覆盖类型,反馈修正由于自然环境复杂性带来的解译误差,提高解译数据的准确性,并在此基础上,根据实际情况,对以前年度的解译数据进行了修正。

8.1.3 分析评价方法

依据《生态环境状况评价技术规范》(HJ/T 192—2015)对哈尔滨市生态环境状况进行评价。

8.2 生态环境质量现状

8.2.1 市域生态环境质量现状

2020 年哈尔滨市域生态环境状况指数(EI)值为 71.9,生态环境状况为良。经计算,生物丰度指数为 62.8,植被覆盖指数为 93.2,水网密度指数为 22.5,土地胁迫指数为 11.4,污染负荷指数 0.99。

8.2.2 县域生态环境质量现状

哈尔滨市 10 个县域的生态环境状况分别属于"优"和"良"。其中方正县、通河县、尚志市 3 个县域属于"优",占全市县域总数的 30%;五常市、延寿县、木兰县、依兰县、宾县、巴彦县和哈尔滨市区 7 个县域属于"良",占 70%。哈尔滨市县域生态环境质量状况见表 8-2。

表 8-2 哈尔滨市县域生态环境质量状况

县域名称	生物丰度指数	植被覆盖指数	水网密度指数	土地胁迫指数	污染负荷指数	生态环境质量指数	评价等级
方正县	79.2	97.7	29.1	5.3	0.37	80.7	优
通河县	79.0	99.0	19.4	3.1	0.17	79.9	优
尚志市	77.4	100	22.8	10.1	0.27	79.2	优
木兰县	65.2	95.5	27.2	5.9	0.22	75.0	良
延寿县	62.1	95.2	28.3	11.1	0.27	73.2	良
五常市	65.1	95.9	20.0	12.9	0.44	72.8	良
依兰县	53.9	92.1	22.3	13.4	0.30	68.4	良
宾县	48.5	92.2	17.7	21.6	0.57	64.2	良
哈尔滨市区	37.7	82.9	21.3	13.4	5.47	59.7	良
巴彦县	36.1	88.4	17.0	20.8	0.77	59.0	良

8.3 "十三五"时空变化规律

8.3.1 生态环境质量时间变化规律

2016—2020 年哈尔滨市生态环境质量指数(EI)呈波动上升,2016—2018 年哈尔滨市生态环境质量指数变化值小于 1,生态环境质量无明显变化;2019 年生态环境质量指数较 2018 年增加 1.1,生态环境质量略有变好;2020 年生态环境质量指数较 2015 年增加 1.3,生态环境质量无明显变化。哈尔滨市 EI 指数变化情况如图 8−1 所示。

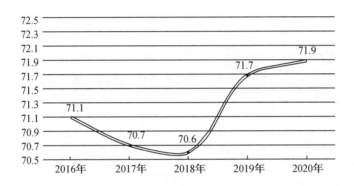

图 8−1　哈尔滨市 EI 指数变化情况

生物丰度指数表征该地区生物物种数量的多少,与地表类型有明显关系。2016—2018 年生物丰度指数变化较小,2019 年因土地覆盖类型判读情况有所调整,生物丰度有较大幅度上升;2020 年较 2015 年增加 4.72。哈尔滨市生物丰度指数变化情况如图 8−2 所示。

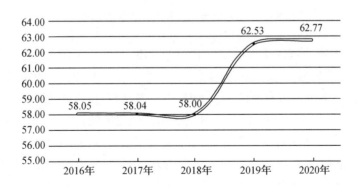

图 8−2　哈尔滨市生物丰度指数变化情况

植被覆盖指数表征植被覆盖情况,利用植被归一化指数(NDVI)表示。2016—2020 年植被覆盖指数波动下降,其中 2017 年最低,2020 年较 2015 年减少 1.57。哈尔滨市植被覆盖指数变化情况如图 8 - 3 所示。

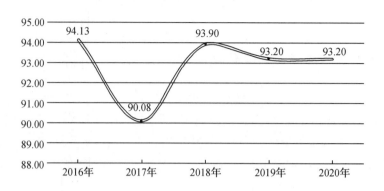

图 8 - 3 哈尔滨市植被覆盖指数变化情况

水网密度指数表征地域内水的多少,和降水量和水资源量相关。2016—2020 年水网密度指数先增加后减少,2017 年最大,2020 年较 2015 年减少 0.28。哈尔滨市水网密度指数变化情况如图 8 - 4 所示。

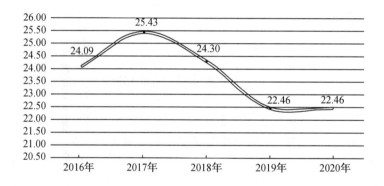

图 8 - 4 哈尔滨市水网密度指数变化情况

土地胁迫指数表征地域内土地质量受胁迫的程度,与水土流失、土地沙化和土地利用情况相关,土地胁迫指数越大,土地质量越差。由于水土流失和土地沙化数据定期更新,土壤胁迫指数一般在数据更新时有所改变。2018 年数据更新,全市土地胁迫指数有所上升,2020 年较 2015 年增加 3.47。哈尔滨市土地胁迫指数变化情况如图 8 - 5 所示。

污染负荷指数表征地域内受纳的环境污染压力,与污染物排放总量、区域面积和降水量相关,污染负荷指数越大,说明该区域承受的环境污染越严重,相应环境质量越差。2016—2020 年哈尔滨全市污染负荷指数呈波动下降,2020 年较 2015 年下降 0.78。林地面积作为生态环境质量评价中较为重要的指标,2010—2020 年明显上升,2020 年较 2015 年增加 923 km²。哈尔滨市污染负荷指数变化情况如图 8 - 6 所示,2010—2020 年哈尔滨市林地面积变化如图 8 - 7 所示。

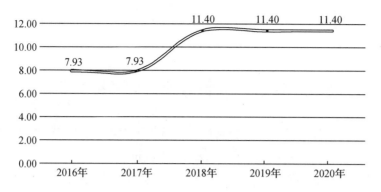

图 8 - 5 哈尔滨市土地胁迫指数变化情况

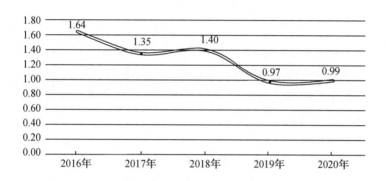

图 8 - 6 哈尔滨市污染负荷指数变化情况

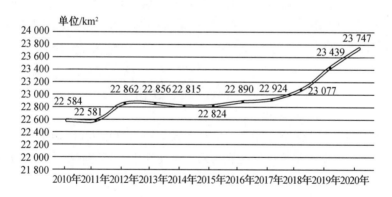

图 8 - 7 2010—2020 年哈尔滨市林地面积变化

8.3.2 生态环境质量空间变化规律

2016—2020 年生态环境质量指数（EI）空间分布规律为中东部较高，生态环境质量较好，西部地区较低，生态环境质量相对较差；生物丰度指数与植被变化指数空间分布规律和 EI 值空间变化规律基本一致，中东部地区值较高，西北地区值较低；水网密度指数方正县、延寿县、木兰县、尚志市较高；巴彦县、宾县较低；土地胁迫指数与污染负荷指数空间分布规律相似,土壤胁迫指数中部地区相对较低,西北部相对较高;污染负荷指数东部地区相对较低,西北地区相对较高。

8.4 生态环境质量评价与特征分析

"十三五"期间,从各类县域所占的面积看,"优"类县域总面积为 17 524.88 km², 占全市面积的33.0%;"一般"类县域总面积为 35 555.18 km², 占67.0%。

哈尔滨市生态环境状况为"优"的方正县、通河县、尚志市 3 个县域共拥有耕地 4 901.58 km², 林地 11 402.66 km², 草地 315.09 km², 建设用地 324.50 km², 水域 220.84 km², 未利用地 360.21 km², 分别占"优"类生态区面积的 33.0%、65.0%、1.8%、1.8%、1.3% 和2.1%。哈尔滨市"优"类生态区土地利用/覆盖类型以林地和耕地为主,其中林地面积占"良"类生态区面积的一半以上。从分布上看,"良"类生态区主要分布在东部山区的张广才岭西北麓、小兴安岭南坡和松嫩平原东部。丰富的林业资源和珍贵的野生动植物资源使该地区生物丰度指数和植被覆盖指数均位于哈尔滨市各县域的中上游,加上水网密度指数和环境质量指数相对均衡,从而使该地区生态环境状况指数较高。该地区景观类型多样,生态系统结构较稳定,物种丰富。

哈尔滨市生态环境状况为"良"的五常市、延寿县、木兰县、依兰县、宾县、巴彦县和哈尔滨市区 7 个县域共拥有耕地 17 605.06 km², 林地 11 021.80 km², 草地 560.13 km², 水域 820.57 km², 建设用地 1 642.40 km², 未利用地 760.66 km², 分别占"一般"类生态区面积的 54.3%、34.0%、1.7%、2.5%、5.1% 和2.4%。哈市"一般"类生态区土地利用/覆盖类型以耕地为主,耕地占"一般"类生态区面积的一半以上。从分布上看,"一般"类生态区主要分布在松嫩平原中部,以农田生态系统为主,生态系统结构简单,抗生态灾害能力较弱,因此生态环境质量状况为"良"。

8.5 相关性分析

从各类生态区的人口分布看,"优"类生态区人口数占全市人口的 10.9%,"良"类生态区人口数占 89.1%,可见哈尔滨市近九成的人口居住在生态环境状况为"良"的区域。

从各类生态区的地区生产总值看,"优"类生态区地区生产总值占全市地区生产总值的 6.0%,"良"类生态区地区生产总值占 94.0%,可见哈尔滨市绝大部分地区生产总值产生在生态环境状况为"良"的区域。

基于2016—2020 年生态环境指数和社会经济指标年度数据,使用灰色关联分析模型对生态环境指数与社会经济相关指标进行关联度计算,得出人口数与各区域生态环境指数关联度最大,表明人口数与生态环境指数具有较强的负相关。生态环境指数与社会经济指标关联指数见表 8 - 3。

表 8-3 生态环境指数与社会经济指标关联指数

区域	人口	地区生产总值	第一产业	第二产业	第三产业
哈尔滨市区	0.98	0.84	0.63	0.88	0.77
依兰县	0.96	0.58	0.56	0.58	0.61
方正县	0.95	0.57	0.59	0.56	0.57
宾 县	0.99	0.75	0.84	0.57	0.73
巴彦县	0.97	0.66	0.86	0.56	0.74
木兰县	0.94	0.63	0.65	0.56	0.72
通河县	0.94	0.99	0.83	0.58	0.70
延寿县	0.96	0.79	0.66	0.58	0.76
尚志市	0.98	0.62	0.69	0.58	0.61
五常市	0.99	0.60	0.67	0.61	0.56

8.6 本章小结

"十三五"期间,生态环境质量有向好趋势。哈尔滨市生态环境质量指数(EI)呈波动上升,生物丰度指数逐年上升,污染负荷指数逐年下降;哈尔滨中东部地区生态环境质量多为"优",西部地区多为"良";与"十二五"期间相比,林地面积显著增加;生态环境质量与人口数和生产总值具有较强的负相关。

第9章 农村环境质量

9.1 网络布设及评价方法

9.1.1 点位布设、监测指标及频次

"十三五"期间,哈尔滨市农村环境质量监测以县域为基本单元,包括县域及村庄两个层面。在村庄层面,开展环境空气质量、饮用水水源地水质和土壤环境质量监测。在县域层面,开展地表水和生态环境质量监测。2019 年 3 季度以后在 7 个区、县(市),12 个乡(镇)开展"万人千吨"饮用水水源地水质监测。2019 年下半年以后在 8 个区、县,8 个灌区开展农田灌溉水质监测。

"十三五"期间,哈尔滨市农村环境质量监测村庄数量变化情况为:每年在 6 个县域开展 6 个必测村庄、12 个选测村庄监测工作。必测村庄保持稳定,选测村庄每年年初重新选取,"十三五"期间共选出 60 个选测村庄进行监测。"十三五"哈尔滨市农村环境质量必测村庄统计见表 9 – 1,"十三五"哈尔滨市农村环境质量选测村庄统计见表 9 – 2,"十三五"哈尔滨市农村环境质量监测指标及频次见表 9 – 3。

表 9 – 1　"十三五"哈尔滨市农村环境质量必测村庄统计

时间	五常市	尚志市	延寿县	木兰县	通河县	方正县
"十三五"期间	万宝山村	大房子村	新城村	松江村	林胜村	丰收村

表 9 – 2　"十三五"哈尔滨市农村环境质量选测村庄统计

时间	五常市	尚志市	延寿县	木兰县	通河县	方正县
2016 年	篮彩桥村	胜利村	新友村	复兴村	富强村	红星村
	安家村	苇塘村	班石村	永利村	道壕桥村	会发村
2017 年	民乐村	龙宫村	长胜村	红升村	自然村	吉兴村
	小山子村	成功村	玉河村	烧锅窝子村	长胜村	向阳村
2018 年	志广村	兴华村	延兴村	五棵树村	团结村	安乐村
	冲河村	新华村	福利村	红旗村	五四村	天门村
2019 年	杜家村	国光村	福山村	龙丰村	乌鸦泡村	永兴村
	沙河子村	永庆村	横山村	西亚村	长兴村	大罗密村
2020 年	友好村	周家营子村	长发村	东安村	驷马村	正义村
	辛家村	河北村村	双金村	火炬村	老站村	得莫利村

表9-3 "十三五"哈尔滨市农村环境质量监测指标及频次

名称	时间	指标	监测频次
环境空气质量	2016—2018 年	SO_2、NO_2、PM_{10}	每季度监测1次,每次连续监测5天,全年4次
	2019—2020 年	SO_2、NO_2、PM_{10}、$PM_{2.5}$、CO、O_3	
饮用水水源地水质	"十三五"期间	《地表水环境质量标准》(GB 3838—2002)表1中基本指标(23项,化学需氧量除外,河流总氮除外)、表2的补充指标(5项),共28项	每季度监测1次,全年4次
	2016—2018 年	《地下水质量标准》(GB/T 14848—93)中23项	
	2019—2020 年	《地下水质量标准》(GB/T 14848—2017)表1中39项基本指标	
地表水环境质量	"十三五"期间	《地表水环境质量标准》(GB 3838—2002)表1中24项基本指标	每季度监测1次,全年4次
土壤环境质量	2016—2018 年	pH值、阳离子交换量、镉、汞、砷、铅、铬	必测村庄每五年的第一年监测1次,选测村庄每年监测1次
	2019—2020 年	pH值、阳离子交换量、镉、汞、砷、铅、铬、铜、镍、锌	
生活污水处理设施出水水质	"十三五"期间	化学需氧量、氨氮	每半年监测1次,全年2次
"万人千吨"饮用水水源地水质	2019 年 3 季度—2020 年	《地下水质量标准》(GB/T 14848—2017)表1中39项基本指标	每季度监测1次,全年4次
农田灌溉水质	2019 年下半年—2020 年	《农田灌溉水质标准》(GB 5084—2005)表1中基本控制指标16项	每半年监测1次,全年2次

9.1.2 分析评价方法

农村环境质量监测依据《农村环境质量综合评价技术规定(修订征求意见稿)》进行农村环境质量综合指数评价。农村生态环境质量依据《生态环境状况评价技术规范》(HJ/T 192—2015)、《国家重点生态功能区县域生态环境质量考核办法》进行评价。农村环境空气质量依据《环境空气质量评价技术规范(试行)》(HJ 663—2013)、《环境空气质量标准》(GB 3095—2012)进行评价。农村饮用水源地水质依据《地表水环境质量标准》(GB 3838—2002)、《地下水质量标准》(GB/T 14848—2017)进行评价。农村地表水水质依据《地表水环境质量标准》(GB 3838—2002)进行评价。农村土壤环境质量依据《土壤环境质量 农用地土壤污染风险管控标准(试行)》(GB/T 15618—2018)进行评价。农村生活污水处理设施出水水质依据《城镇污水处理厂污染物排放标准》(GB 18918—2002)进行评价。农村"万人千吨"饮用水水源地水质依据《地下水质量标准》(GB/T 14848—2017)进行评价。农田灌溉水质依据《农田灌溉水质标准》(GB 5084—2005)进行评价。

9.2 农村环境质量现状

9.2.1 农村环境空气质量状况

2020 年哈尔滨市 6 个县(市)农村环境空气质量指数为 84.33 ~ 100。6 个县(市)环境空气质量达标天数比例均为 100%。环境空气共计监测 355 天,环境空气质量级别一级天数共计 210 天,二级天数共计 145 天。2020 年哈尔滨市县(市)农村环境空气质量如图 9 - 1 所示,2020 年哈尔滨市农村环境质量六项污染物统计见表 9 - 4。

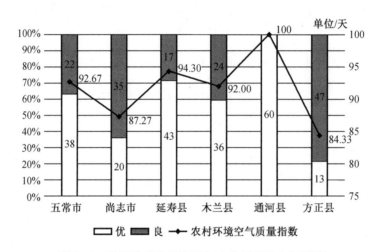

图 9 - 1　2020 年哈尔滨市县(市)农村环境空气质量

表 9 - 4　2020 年哈尔滨市农村环境质量六项污染物统计

项目	浓度值范围/ ($\mu g \cdot m^{-3}$)	最大值所在村庄	单项污染物质量级别/天	
			1 级	2 级
SO_2	4 ~ 33	方正县正义村	355	0
NO_2	7 ~ 41	五常市万宝村	354	1
PM_{10}	12 ~ 98	五常市友好村	216	139
$PM_{2.5}$	10 ~ 56	五常市友好村	317	38
O_3(per90)	6 ~ 108	五常市友好村	351	4
CO(per95)	0.2 ~ 1.3 mg/m³	延寿县新城村	355	0

注:尚志市周家营子村 1 季度未监测。通河县细颗粒物、臭氧 1 ~ 2 季度未监测,一氧化碳 1 ~ 3 季度未监测,评价时用已监测指标评价。

9.2.2 农村饮用水水源地水质状况

2020 年哈尔滨市 6 个县(市)农村饮用水水源地水质指数为 25.00～60.00。全年共对 17 个村庄地下水饮用水水源地每季度监测 1 次,共监测 68 次,36 次达到或优于Ⅲ类水质,达标率 52.9%,主要超标指标为锰、铁、总大肠杆菌、浑浊度、色度、pH 值。对 1 个村庄地表水饮用水水源地水质监测 4 次,4 次达到或优于Ⅲ类水质,达标率 100%。2020 年哈尔滨市农村饮用水源地水质监测指标超标情况见表 9－5,2020 年哈尔滨市农村饮用水源地水质指数如图 9－2 所示。

表 9－5 2020 年哈尔滨市农村饮用水源地水质监测指标超标情况

序号	超标指标	超标次数	超标比例	监测值范围	最大超标倍数	最大超标倍数村庄位置
1	锰/(mg·L^{-1})	23	33.8%	未检出～2.73	26.3	方正县正义村
2	铁/(mg·L^{-1})	6	8.8%	未检出～2.60	7.7	木兰县松江村
3	总大肠杆菌(MPN/100 ml)	6	8.8%	未检出～230	–	尚志市大房子村
4	浑浊度(NTU)	4	5.9%	未检出～100	32.3	方正县丰收村
5	色度/(°)	2	2.9%	未检出～40	1.7	方正县丰收村
6	pH 值(无量纲)	2	2.9%	6.43～8.20	–	方正县得莫利村

注:五常市大房子村所用饮用水水源为磨盘山水库地表水水源,其他村庄饮用水水源均为地下水水源。

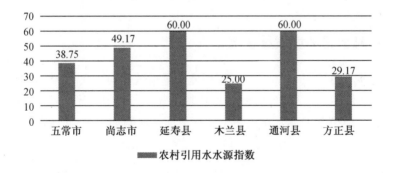

图 9－2 2020 年哈尔滨市农村饮用水源地水质指数

9.2.3 农村地表水环境质量状况

2020 年哈尔滨市 6 个县(市)农村地表水指数为 50.00～80.00。全年共对 13 个农村地表水环境质量点位每季度监测 1 次,共监测 52 次,36 次达到或优于Ⅲ类水质,达标率 69.2%,主要超标指标为化学需氧量、高锰酸盐指数、五日生化需氧量、总磷。2020 年哈尔滨市农村地表水环境质量监测指标超标情况见表 9－6,2020 年哈尔滨市农村地表水水质指数如图 9－3。

表9-6　2020年哈尔滨市农村地表水环境质量监测指标超标情况

序号	超标指标	超标次数	超标比例/%	监测值范围/(mg·L⁻¹)	最大超标倍数	最大超标倍数村庄位置
1	化学需氧量	15	28.8	9~30	0.5	木兰县香磨山水库、方正县双凤水库
2	高锰酸盐指数	14	26.9	2.5~9.8	0.6	方正县双凤水库
3	五日生化需氧量	12	23.1	1.2~5.8	0.4	木延寿县新城水库、木兰县香磨山水库
4	总磷	8	15.4	0.03~0.19	1.0	延寿县新城水库、木兰县香磨山水库、方正县双凤水库

注:13个点位中有4个为湖、库。

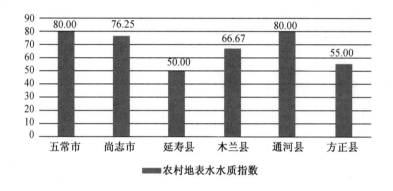

图9-3　2020年哈尔滨市农村地表水水质指数

9.2.4　农村土壤环境质量状况

2020年哈尔滨市6个县(市)农村土壤环境质量指数均为100。全年对18个村庄共54个监测点位土壤环境质量进行监测,所有点位均低于农用地土壤污染风险筛选值,农用地土壤污染风险低。2020年哈尔滨市农村土壤环境质量指数如图9-4所示。

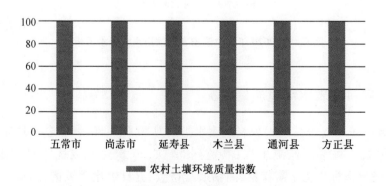

图9-4　2020年哈尔滨市农村土壤环境质量指数

9.2.5 生活污水处理设施出水水质

2020年哈尔滨市共对7个日处理能力20 t及以上污水处理设施进行监测,各污水设施均执行《城市污水处理厂污染物排放标准》(GB 18918—2002)相应等级排放标准。其中方正县天门乡天门村污水处理厂、方正县德善乡正义村农村生活污水治理工程执行二级标准,巴彦县兴隆龙江治水有限公司、巴彦县西集镇污水处理厂、巴彦县洼兴镇污水处理厂执行一级A标准,哈尔滨市磨盘山水库水源地保护区治理污水处理站、五常市常兴城市建设发展有限公司执行一级B标准。各污水处理厂、设施监测结果均能达到设计要求标准。

9.2.6 农村"万人千吨"饮用水水源地水质状况

2020年哈尔滨市共对12个"万人千吨"饮用水水源地每季度监测1次,共监测48次,8次达到或优于Ⅲ类水质,达标率16.7%,主要超标指标为锰、氨氮、浑浊度、铁、锌、色度。尚志市亚布力镇地下水型水源地、尚志市苇河镇地下水型水源地水质情况较好,1~4季度均能达到或优于Ⅲ类水质。2020年哈尔滨市农村"万人千吨"饮用水源地水质监测指标超标情况见表9-7。

表9-7 2020年哈尔滨市农村"万人千吨"饮用水源地水质监测指标超标情况

序号	超标指标	超标次数	超标比例/%	监测值范围	最大超标倍数	最大超标倍数村庄位置
1	锰/(mg·L^{-1})	40	83.3	未检出~1.67	15.7	呼兰区长岭街道集中式地下水型水源地
2	氨氮/(mg·L^{-1})	18	37.5	0.013~1.38	1.8	呼兰区长岭街道集中式地下水型水源地
3	浑浊度/NTU	16	33.3	未检出~48.9	15.3	呼兰区长岭街道集中式地下水型水源地
4	铁/(mg·L^{-1})	11	22.9	未检出~1.42	3.7	达连河镇镇直地下水型水源地
5	锌/(mg·L^{-1})	4	8.3	未检出~2.40	1.4	宾西镇集中式地下水型水源地
6	色度/(°)	3	6.2	未检出~35	1.3	呼兰区长岭街道集中式地下水型水源地

注:宾西镇集中式地下水型水源地附近存在锌矿,导致地下水锌超过标准限值。

9.2.7 农田灌溉水质状况

2020年哈尔滨市共对7个农田灌溉水灌区11个监测点位每半年监测1次,共监测22次,20次监测值符合农田灌溉水质标准规定的标准值,达标率90.9%。超标2次均为木兰县香磨山水库灌区,超标指标为蛔虫卵数。蛔虫卵是常见的肠道寄生虫,每天可产卵20万个,随粪便排出体外,可通过施肥、灌溉、土壤扬尘、动物携带传播,有可能通过附近生活污水、污水处理厂排水等进入灌区导致蛔虫卵数超标。

9.3 农村环境质量评价

9.3.1 农村环境状况指数评价

2020 年哈尔滨市 6 个县(市)农村环境状况指数为 71.35 ~ 88.00,最高为通河县,最低为方正县。五常市、尚志市、延寿县、木兰县、通河县农村环境状况等级为二级(良),基本适合农村居民生活和生产。方正县为三级(一般),较适合生活和生产,但有不适合人类生活的制约性因子出现。2020 年哈尔滨市农村环境状况指数如图 9 - 5 所示。

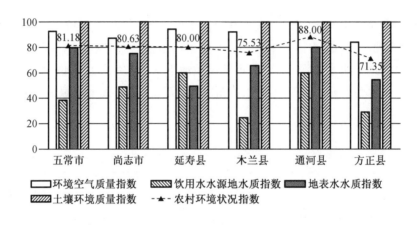

图 9 - 5 2020 年哈尔滨市农村环境状况指数

9.3.2 农村生态状况指数评价

2020 年哈尔滨市 6 个县(市)农村生态状况指数为 64.85 ~ 73.77,最高为方正县,最低为五常市。五常市、尚志市、延寿县、木兰县、通河县、方正县农村生态状况分级均为二级(良),植被覆盖度较高,生物多样性较丰富,适合人类生活。2020 年哈尔滨市农村生态状况指数如图 9 - 6 所示。

9.3.3 农村环境质量综合指数评价

2020 年哈尔滨市 6 个县(市)农村环境质量综合指数为 72.47 ~ 82.31,最高为通河县,最低为木兰县。五常市、尚志市、延寿县、木兰县、通河县、方正县农村环境质量综合状况分级为二级(良),轻微污染,生态环境良好,基本适合农村居民生活和生产。2020 年哈尔滨市农村环境质量综合指数如图 9 - 7 所示。

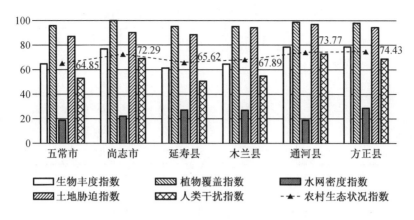

图 9 - 6　2020 年哈尔滨市农村生态状况指数

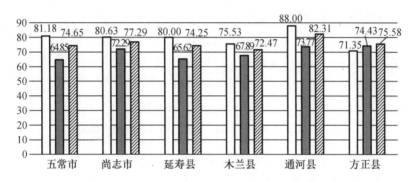

图 9 - 7　2020 年哈尔滨市农村环境质量综合指数

9.4　农村环境质量时空变化规律

9.4.1　时间变化规律

9.4.1.1　农村环境空气质量变化

"十三五"期间,哈尔滨市农村环境空气质量保持稳定,达标率 100%,在监测时段内环境空气质量级别均在二级及以上,共计监测 1 795 天,其中环境空气质量级别一级天数共计 1 095 天,二级天数共计 700 天。各年度环境空气质量情况保持稳定。各年环境空气质量指数平均分值均在 90 分以上。"十三五"哈尔滨市农村环境空气质量统计见表 9 - 8。

表9-8 "十三五"哈尔滨市农村环境空气质量统计

年度	一级天数/天	二级天数/天	超标天数/天	得分范围	全市平均值
2016年	243	117	0	83.67~100	93.50
2017年	225	135	0	83.33~100	92.49
2018年	222	138	0	80.00~100	92.33
2019年	195	165	0	80.00~100	90.83
2020年	210	145	0	84.33~100	91.76

9.4.1.2 农村饮用水水源地水质变化

"十三五"期间,哈尔滨市农村饮用水源地水质总体较差,受地质条件影响地下水水源地水质主要污染物为锰、铁,锰共计超标138次,铁超标83次。木兰县铁、锰超标现象较多,"十三五"期间所测数据均超过Ⅲ类标准。各年度农村饮用水水源地水质监测点位达标率为44.4%~56.9%。农村饮用水水源地水质指数为35.58~46.46。"十三五"哈尔滨市农村饮用水水源地水质统计见表9-9。

表9-9 "十三五"哈尔滨市农村饮用水水源地水质统计

年度	达标点位数	达标率/%	主要超标指标及超标次数	得分范围	全市平均值
2016年	34	47.9	氨氮(19)、锰(22)、铁(20)、高锰酸盐指数(4)	15.00~57.50	40.42
2017年	40	55.6	锰(32)、铁(15)、氨氮(12)	20.00~62.50	44.17
2018年	32	44.4	锰(35)、铁(21)、氨氮(18)、高锰酸盐指数(2)	20.00~60.00	40.00
2019年	41	56.9	锰(26)、铁(21)、高锰酸盐指数(7)、氨氮(6)	22.50~60.00	46.46
2020年	40	55.6	锰(23)、铁(6)、总大肠杆菌(6)、浑浊度(4)	25.00~65.00	43.68

9.4.1.3 农村地表水环境质量变化

"十三五"期间,哈尔滨市农村地表水水质总体一般,主要污染物为化学需氧量、高锰酸盐指数、总磷。各年度农村地表水环境监测点位达标率为48.1%~80.0%。农村地表水环境质量指数为57.43~69.30。"十三五"哈尔滨市农村地表水环境质量统计见表9-10。

表9-10 "十三五"哈尔滨市农村地表水环境质量统计

年度	达标点位数	达标率/%	主要超标指标及超标次数	得分范围	全市平均值
2016年	40	80.0	总磷(7)、化学需氧量(4)、高锰酸盐(2)、五日生化需氧量(2)	40.00~73.33	63.53

表 9 - 10（续）

年度	达标点位数	达标率/%	主要超标指标及超标次数	得分范围	全市平均值
2017 年	41	78.8	化学需氧量(8)、五日生化需氧量(8)、高锰酸盐指数(7)、总磷(5)、氨氮(4)	57.50 ~ 82.50	69.30
2018 年	28	48.1	高锰酸盐指数(19)、化学需氧量(18)、五日生化需氧量(17)、总磷(16)、氨氮(7)	35.00 ~ 80.00	57.43
2019 年	33	63.5	化学需氧量(17)、高锰酸盐指数(16)、五日生化需氧量(14)、总磷(7)	46.25 ~ 80.83	65.06
2020 年	36	69.2	化学需氧量(15)、高锰酸盐指数(14)、五日生化需氧量(12)、总磷(8)	50.00 ~ 80.00	67.99

9.4.1.4 农村土壤环境质量变化

"十三五"期间,哈尔滨市农村土壤环境质量整体较好,仅在 2017 年、2018 年 6 个点位出现超标现象,其他年份各县(市)土壤环境质量指数均为 100。超标指标为镉,超标倍数最高点位为 2018 年尚志市龙宫村 1 号监测点位,超标倍数为 2.5 倍。"十三五"哈尔滨市农村土壤环境质量超标情况见表 9 - 11。

表 9 - 11 "十三五"哈尔滨市农村土壤环境质量超标情况

时间	点位	超标指标及超标倍数	污染程度
2017 年	尚志市成功村 1	镉(2.1)	轻度污染
	尚志市成功村 3	镉(2.3)	轻度污染
	尚志市龙宫村 1	镉(2.5)	轻度污染
	尚志市龙宫村 2	镉(1.7)	轻微污染
2018 年	尚志市新华村 1	镉(2.6)	轻度污染
	尚志市新华村 2	镉(1.4)	轻微污染

9.4.1.5 农村环境质量综合指数变化

"十三五"期间,开展农村环境质量试点监测的 6 个县(市)农村环境状况保持稳定,各县(市)农村环境状况指数变化度均在略微变化级别内。五常市、尚志市、通河县农村环境状况能稳定保持在良,延寿县仅在 2018 年农村环境状况为一般,适合农村居民生活和生产。木兰县、方正县农村环境状况多年为一般,基本适合农村居民生活和生产。"十三五"哈尔滨市农村环境状况指数变化情况见表 9 - 12。

表 9 - 12   "十三五"哈尔滨市农村环境状况指数变化情况

县(市)	2016 年农村环境状况指数	变化度			
		2017 年	2018 年	2019 年	2020 年
五常市	78.78	↑6.89	↓2.39	↑4.89	↓6.99
尚志市	84.11	↓3.19	↓0.17	↑3.33	↓3.45
延寿县	81.65	↓2.08	↓6.17	↑3.88	↑2.72
木兰县	72.65	↓1.82	↓3.33	↑4.98	↑3.05
通河县	73.75	↑8.75	↓0.62	↑0.94	↑5.18
方正县	80.15	↓5.05	↓3.60	↓1.75	↑1.60

注:↑为指数上升,↓为指数下降。指数变化度绝对值小于 10 为略微变化。

　　"十三五"期间,开展农村环境质量试点监测的 6 个县(市)农村生态状况保持稳定。各县(市)农村环境状况指数变化度大多在略微变化级别内,木兰县 2018 年农村生态状况指数变化度为 5.80,明显变好。6 县(市)农村生态状况能稳定保持在良。五常市、尚志市、延寿县、木兰县生态状况长期稳定达在良,植被覆盖率较高,生物多样性较丰富,适合人类生活。通河县、方正县分别有三年达到优,剩余两年略低于优,植被覆盖率高,生物多样性丰富,生态系统稳定。"十三五"哈尔滨市农村生态状况指数变化情况见表 9 - 13。

表 9 - 13   "十三五"哈尔滨市农村生态状况指数变化情况

县(市)	2016 年农村生态状况指数	变化度			
		2017 年	2018 年	2019 年	2020 年
五常市	65.63	↑0.64	↑0.26	↓0.86	↓0.82
尚志市	71.18	↓0.12	↑1.23	↓1.23	↑1.23
延寿县	64.67	↑0.30	↓0.61	↑0.34	↑0.92
木兰县	61.80	↑0.48	↓0.49	↑5.80	↑0.30
通河县	75.20	↑0.03	↓1.49	↑1.52	↓1.49
方正县	73.82	↑1.38	↓0.18	↑0.17	↓0.76

注:↑为指数上升,↓为指数下降。指数变化度绝对值小于 3 为轻微变化。

　　"十三五"期间,开展农村环境质量试点监测的 6 个县(市)农村环境质量综合状况保持稳定,至 2020 年各县(市)综合状况均能达到良。各县(市)农村环境状况指数变化度均在略微变化级别内。五常市、尚志市、延寿县、通河县、方正县农村环境质量综合状况能稳定保持在良,木兰县农村环境质量综合 2016—2018 年为一般,2019—2020 年连续向好,达到良。各县(市)生态环境良好,基本适合农村居民生活和生产。"十三五"哈尔滨市农村环境综合指数变化情况见表 9 - 14。

表9-14 "十三五"哈尔滨市农村环境综合指数变化情况

县（市）	2016年农村环境综合指数	变化度			
		2017年	2018年	2019年	2020年
五常市	73.52	↑4.39	↓1.33	↑2.59	↓4.52
尚志市	78.94	↓1.96	↑0.39	↑1.50	↓1.58
延寿县	74.86	↓1.13	↓3.95	↑2.47	↑2.00
木兰县	68.31	↓0.90	↓2.19	↑5.30	↑1.95
通河县	74.33	↑5.26	↓0.97	↑1.18	↑2.51
方正县	77.62	↓2.48	↓2.23	↓0.98	↑3.65

注：↑为指数上升，↓为指数下降。指数变化度绝对值小于7为轻微变化。

9.4.2 空间变化规律

"十三五"期间，哈尔滨市在6个县（市）开展农村环境质量监测。历年农村环境质量综合指数呈现五常市、尚志市、通河县较高，其他3县分值较低的空间分布。

9.5 相关性分析

使用灰色关联分析模型对6县（市）农村环境综合指数与社会经济指标进行关联度计算，得出尚志市、延寿县、木兰县和方正县人口数与农村环境综合指数关联度均达到最大，表明人口数与农村环境综合指数具有较强的相关性，五常市第三产业增加值与农村环境综合指数关联度最大，表明其间具有较好的相关性；通河县第一产业增加值与农村环境综合指数关联度最大，表明其间具有较好的相关性。农村环境综合指数与社会经济指标关联度见表9-15。

表9-15 农村环境综合指数与社会经济指标关联度

	地区生产总值	第一产业增加值	第二产业增加值	第三产业增加值	人口数量
五常市	0.78	0.59	0.71	0.86	0.71
尚志市	0.87	0.72	0.78	0.62	0.92
延寿县	0.71	0.56	0.60	0.77	0.93
木兰县	0.80	0.66	0.91	0.62	0.93
通河县	0.91	0.94	0.62	0.89	0.82
方正县	0.92	0.86	0.56	0.72	0.92

9.6 污染特点及原因分析

2020 年各县(市)综合状况均能达到良。农村环境状况指数中五常市、尚志市、木兰县和方正县水源地水质指数得分在 50.00 以下。"十三五"期间,哈尔滨市农村环境质量总体较好,农村饮用水水源地水质平均指数为 35.58~46.46,分值相对较低,主要原因是木兰县、通河县、方正县原生地质情况导致铁、锰超标情况较多。

"十三五"期间,锰超标共计 138 次,超标率 38.8%,铁超标共计 83 次,超标率 23.4%。若将锰、铁导致的超标次数扣除,木兰县、通河县、方正县部分年份水质指数有较大幅度提升。以木兰县 2020 年为例,扣除锰、铁超标后,水源地水质指数升高 30.00,农村环境状况指数由 75.53 升高至 81.53,升幅 7.9%。农村环境状况指数由 72.47 升高至 76.07。"十三五"部分县市扣除铁、锰超标后水源地水质指数见表 9 - 16。

表 9 - 16 "十三五"部分县市扣除铁、锰超标后水源地水质指数

县	2016 年		2017 年		2018 年		2019 年		2020 年	
	未扣除前	扣除后	未扣除前	扣除后	未扣除前	扣除后	未扣除前	扣除后	未扣除前	扣除后
木兰县	15.00	15.00	20.00	20.00	20.00	25.00	22.50	40.00	25.00	55.00
通河县	28.75	55.00	30.00	60.00	30.00	30.00	40.00	60.00	60.00	60.00
方正县	45.00	52.50	30.00	60.00	32.50	32.50	33.75	57.50	29.17	42.50

注:按照饮用水源地水质指数评价方法,Ⅲ类水质类别赋分为 60。

9.7 本 章 小 结

2020 年哈尔滨市农村环境质量总体较好,开展监测的 6 县(市)环境质量综合状况分级为二级(良),处于轻微污染状态,生态环境良好,基本适合农村居民生活和生产。6 县(市)农村环境空气质量、地表水水质、土壤环境质量、农田灌溉水质良好。饮用水水源地水质受地质条件影响,部分县(市)超标情况较多。

"十三五"期间,哈尔滨市农村环境质量保持稳定,开展监测的 6 县(市)环境质量综合状况分级除木兰县外均能稳定到达二级(良)。6 县(市)总体处于轻微污染状态,生态环境良好,基本适合农村居民生活和生产。各县(市)农村环境综合指数与人口数量有较强的相关性,个别县(市)与第一产业和第三产业增加值具有一定相关性。

第 10 章　土壤环境质量

10.1　网络布设及评价方法

10.1.1　点位布设、监测指标及频次

"十三五"期间,哈尔滨市共布设土壤环境监测点位 183 个。从点位类型看,背景点位 6 个,基础点位 165 个,风险监控点位 12 个;从土地类型看,农用地点位 175 个,企业用地点位 8 个。"十三五"哈尔滨市土壤环境质量监测情况一览表见表 10 – 1。

表 10 – 1　"十三五"哈尔滨市土壤环境质量监测情况一览表

年份	点位类型	监测指标	点位数量/个	土地类型	频次
2016 年	风险监控点	理化指标:土壤 pH 值、有机质含量、阳离子交换量。无机指标:镉、汞、砷、铅、铬、铜、锌、镍。有机指标:苯并[a]芘;特征指标:钒、锰、钴、银、铊和锑等	8	企业用地	1 次
2017 年	基础点	理化指标:土壤 pH 值、有机质含量和阳离子交换量。无机指标:镉、汞、砷、铅、铬、铜、锌和镍。有机指标:六六六、滴滴涕和多环芳烃(苊烯、苊、芴、菲、蒽、荧蒽、芘、苯并[a]蒽、屈、苯并[b]荧蒽、苯并[k]荧蒽、苯并[a]芘、茚苯(1,2,3 – cd)芘、二苯并[a,h]蒽和苯并(ghi)苝)	53	耕地、林地	1 次
2018 年	背景点		6	耕地	1 次
2019 年	基础点		112	耕地、林地、未利用地及其他	1 次
2020 年	风险监控点		4	林地	1 次

10.1.2　分析评价方法

"十三五"哈尔滨市土壤监测点农用地、未利用地及其他采用《土壤环境质量　农用地土壤污染风险管控标准(试行)》(GB 15618—2018)作为评价标准;企业用地采用《土壤环境质量　建设地土壤污染风险管控标准(试行)》(GB 36600—2018)作为评价标准。

《土壤环境质量　农用地土壤污染风险管控标准(试行)》(GB 15618—2018)中土壤污染物含量等于或低于表 1 和表 2 规定的风险筛选值时,农用地土壤污染风险低;高于表 1 和表 2 规定的风险筛选值时,可能存在农用地土壤污染风险;当土壤中镉、汞、砷、铅、铬的含量高

于表1规定的风险筛选值、等于或者低于表3规定的风险管制值时,可能存在食用农产品不符合质量安全标准等土壤污染风险;当土壤中镉、汞、砷、铅、铬的含量高于表3规定的风险管制值时,食用农产品不符合质量安全标准等农用地土壤污染风险高,原则上应采取禁止种植食用农产品、退耕还林等严格管控措施。

《土壤环境质量 建设用地土壤污染风险管控标准(试行)》(GB 36600—2018)中建设用地规划用途为第一类用地的,适用表1和表2中第一类用地的筛选值和管制值;规划用途为第二类用地的,适用表1和表2中第二类用地的筛选值和管制值。规划用途不明确的,适用表1和表2中第一类用地的筛选值和管制值。建设用地土壤中污染物含量等于或者低于风险筛选值的,建设用地土壤污染风险一般情况下可以忽略。通过初步调查确定建设用地土壤中污染物含量高于风险筛选值,应当依据 HJ 25.1、HJ 25.2 等标准及相关技术要求,开展详细调查。铬、锌、锰、银、铊指标无对应筛选值。

本章土壤环境质量评价采用内梅罗污染指数法进行评价。内梅罗指数反映了各污染物对土壤的作用,同时突出了高浓度污染物对土壤环境质量的影响,可按内梅罗污染指数划定污染等级。即

$$(P_n) = \left\{ \left[(MaxC_i/S_i)^2 + (1/n \sum C_i/S_i)^2 \right] /2 \right\}^{1/2}$$

式中,P_n 是内梅罗污染指数,C_i 是污染物实测浓度,S_i 是污染物背景值。

土壤内梅罗污染指数评价标准见表10-2。

表10-2 土壤内梅罗污染指数评价标准

等级	内梅罗污染指数	污染等级
Ⅰ	$P_n \leq 0.7$	清洁(安全)
Ⅱ	$0.7 < P_n \leq 1.0$	尚清洁(警戒线)
Ⅲ	$1.0 < P_n \leq 2.0$	轻度污染
Ⅳ	$2.0 < P_n \leq 3.0$	中度污染
Ⅴ	$P_n > 3.0$	重污染

10.2 监测结果及现状评价

"十三五"期间,利用内梅罗污染指数进行评价,哈尔滨市土壤环境质量总体尚清洁,污染等级为Ⅱ级。

"十三五"期间,哈尔滨市土壤环境质量农用地监测结果均低于《土壤环境质量 农用地土壤污染风险管控标准(试行)》(GB 15618—2018)风险管制值。

10.2.1 理化指标现状

"十三五"期间,哈尔滨市土壤环境质量监测 pH 值、有机质含量和阳离子交换量 3 项理化指标,pH 值监测结果为 4.51~9.04,阳离子交换量为 8.33~61 cmol/kg,有机质含量为

1.32~231 g/kg。"十三五"哈尔滨市土壤环境理化指标监测结果如图10-1所示。

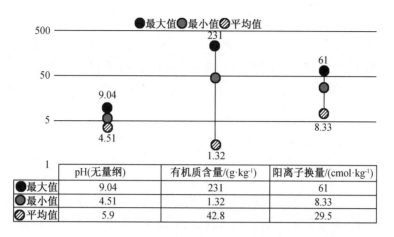

	pH(无量纲)	有机质含量/(g·kg⁻¹)	阳离子换量/(cmol·kg⁻¹)
最大值	9.04	231	61
最小值	4.51	1.32	8.33
平均值	5.9	42.8	29.5

图10-1 "十三五"哈尔滨市土壤环境理化指标监测结果

"十三五"期间,哈尔滨市土壤有机质平均含量42.8 g/kg,比全国平均含量高23 g/kg(全国数据来自《中国土壤普查数据》)。"十三五"期间,哈尔滨市土壤有机质含量高于40 g/kg的土壤点位占44.3%,高于全国平均水平36.5个百分点;有机质含量在30~40 g/kg的土壤点位占20.8%,高于全国平均水平6.2个百分点。"十三五"哈尔滨市土壤有机质含量与全国平均水平对比如图10-2所示。

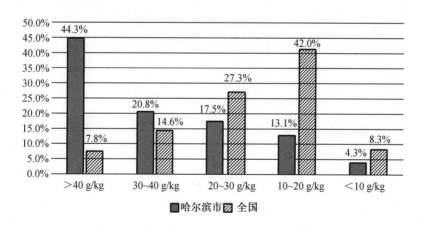

图10-2 "十三五"哈尔滨市土壤有机质含量与全国平均水平对比

注:全国有机质含量比例来自《中国土壤普查数据》。

10.2.2 无机指标现状

"十三五"期间,哈尔滨市土壤环境质量无机指标监测镉、汞、砷、铅、铬、铜、锌、镍等8项指标;无机特征指标监测钒、锰、钴、银、铊和锑等6项指标。监测结果均低于《土壤环境

质量 农用地土壤污染风险管控标准(试行)》(GB 15618—2018)风险管制值。

10.2.3　有机指标现状

"十三五"期间,哈尔滨市土壤环境质量有机指标监测六六六、滴滴涕和多环芳烃(苊烯、苊、芴、菲、蒽、荧蒽、芘、苯并[a]蒽、屈、苯并[b]荧蒽、苯并[k]荧蒽、苯并[a]芘、茚苯(1,2,3-cd)芘、二苯并[a,h]蒽和苯并[g,h,i]苝)等指标,监测结果均低于风险筛选值,有机指标污染风险低。

10.3　本 章 小 结

"十三五"期间,利用内梅罗污染指数进行评价,哈尔滨市土壤环境质量总体尚清洁。全市重金属污染整体处于较低风险。六六六、滴滴涕和多环芳烃等有机指标污染风险低。哈尔滨市土壤整体以酸性为主,主城区周边碱性土壤居多。"十三五"期间,哈尔滨市土壤有机质平均含量42.8 g/kg,比全国平均含量高23 g/kg,比"十二五"期间升高16.0%,有机质含量高值主要集中在哈尔滨市东北部和东南部区域,以林地、草地为主。

第11章 辐射环境质量

11.1 网络布设及评价方法

11.1.1 点位布设、监测指标及频次

"十三五"期间,哈尔滨市国家辐射环境监测共设国、省控点位 12 个。其中国控点设有自动监测站 2 个,监测指标包括环境 γ 辐射空气吸收剂量率连续监测系统、气溶胶取样监测、沉降物取样监测、气碘取样监测。黑龙江省环境科学院站更名为哈尔滨市南直路站,2013 年哈尔滨通达街站开始开展监测。哈尔滨市国控点陆地辐射监测点 1 个,省控陆地监测点 2 个,监测累积环境 γ 辐射空气吸收剂量率。自 2012 年起环境 γ 辐射空气吸收剂量率累积测量由委托监测变为自主监测。全市国控点设有电磁监测点 2 个,人和名苑监测点进行周围环境电场强度监测,黑龙江广播电视塔监测点进行周围环境电磁辐射水平监测。"十三五"辐射环境国、省控监测点位、监测指标汇总见表 11 – 1,"十三五"辐射环境国、省控监测频次汇总见表 11 – 2。

表 11 –1 "十三五"辐射环境国、省控监测点位、监测指标汇总

序号	点位类型	属性	点位名称	监测指标
1	自动监测点位	国控	哈尔滨市南直路站	γ 空气吸收剂量率、空气中氚、空气中碘、降水中氚、空气中氡、累积剂量、气溶胶中 γ 核素、气溶胶中^{210}Pb 和^{210}Po、气溶胶中^{90}Sr 和^{137}Cs、沉降物中 γ 核素、沉降物中^{90}Sr 和^{137}Cs
2			哈尔滨市通达街站	γ 空气吸收剂量率
3	陆地辐射监测点		哈尔滨市市东	γ 辐射累积剂量
4	水体监测点(地下水)		宾县英杰村	总 α、总 β、U、Th、^{226}Ra
5	饮用水监测点		磨盘山水库	总 α、总 β、U、Th、^{226}Ra、^{90}Sr、^{137}Cs
6	土壤监测点		哈尔滨市市东	γ 核素
7	电磁辐射监测点		人和名苑	综合场强、工频
8			黑龙江广播电视塔	
9	陆地辐射监测点	省控	瓦盆窑收费站	γ 辐射累积剂量
10			松北区世纪大道	
11	饮用水监测点		西泉眼水库(省控)	总 α、总 β、U、Th、^{226}Ra、^{90}Sr、^{137}Cs
12	土壤监测点		瓦盆窑收费站	γ 核素

表 11 - 2　"十三五"辐射环境国、省控监测频次汇总

监测对象	监测指标	监测频次
陆地 γ 辐射和宇宙射线	(1) γ 空气吸收剂量率(自动站)	连续监测
	(2) γ 辐射累积剂量(每次连续监测 1 个季度)	累积测量 1 次/季
	(3)宇宙射线响应	1 次/年
空气中氡	室外氡	累积测量 1 次/季
空气中碘	^{131}I(标准站、边境站、新建站)	1 次/季
气溶胶	γ 核素、^{210}Po、^{210}Pb(标准站)	1 次/月
	γ 核素(新建站)	1 次/月
	γ 核素(原 13 个自动站)	1 次/季
	^{90}Sr、^{137}Cs	1 次/年 全年样品合并测量
沉降物	γ 核素(标准站、边境站、新建站)	1 次/季
	^{90}Sr、^{137}Cs(标准站、边境站、新建站)	1 次/年
空气中氚	氚化水蒸气	1 次/年
降水	^{3}H	1 次/季
地表水	U、Th、^{226}Ra、总 α、总 β、^{90}Sr、^{137}Cs (枯水期、平水期各一次)	1 次/半年
饮用水源地水	(1)总 α、总 β、U、Th、^{226}Ra、^{90}Sr、^{137}Cs	1 次/半年
	(2)总 α、总 β	1 次/半年
地下水	U、Th、^{226}Ra、总 α、总 β	1 次/年
土壤	γ 核素	1 次/年
电磁辐射	综合场强、工频	1 次/年

11.1.2　分析评价方法

电磁辐射环境质量评价依据《电磁环境控制限值》(GB 8702—2014)中的公众曝露控制限值进行评价。公众曝露控制限值见表 11 - 3。

表 11 - 3　公众曝露控制限值

序号	频率范围 f/MHz	电场强度/(V·m^{-1})	等效平面波功率密度/(W·m^{-2})
1	0.1～3	40	4
2	3～30	$67/f^{\frac{1}{2}}$	$12/f$
3	30～3 000	12	0.4

11.2 辐射环境质量现状

11.2.1 电离辐射环境质量

11.2.1.1 自动监测点

2016—2020 年国控点环境 γ 辐射空气吸收剂量率连续监测系统测量的 γ 贯穿辐射剂量率年均值(未扣除宇宙射线)范围为 73.0 ~ 109.4 nGy·h^{-1}。监测结果表明,2016—2020 年全市国控点自动监测点环境 γ 辐射空气吸收剂量率连续监测结果在黑龙江省天然放射性水平调查的涨落范围内。"十三五"自动监测站测量的 γ 辐射空气吸收剂量率见表 11 – 4。

表 11 – 4 "十三五"自动监测站测量的 γ 辐射空气吸收剂量率

自动站所在地及编号	年份	运行时间/天	环境 γ 辐射空气吸收剂量率/(nGy·h^{-1})
哈尔滨市南直路站 0101A02	2016 年	366	76.2
	2017 年	337	76.6
	2018 年	365	75.9
	2019 年	273	75.2
	2020 年	214	73.0
哈尔滨市通达街站 0101A01	2016 年	366	109.3
	2017 年	365	109.3
	2018 年	334	109.2
	2019 年	334	109.4
	2020 年	366	108.4

注:未扣除宇宙射线响应值。

2014 年开始开展气溶胶中 γ 核素活度浓度监测,测量^{7}Be、^{40}K、^{134}Cs、^{137}Cs、^{228}Ra、^{214}Bi、^{234}Th、^{210}Pb、^{210}Po、^{131}I、^{90}Sr 共 11 个核素的活度浓度。结果显示,"十三五"期间,放射性活度浓度符合环境正常水平。"十三五"自动监测站气溶胶中 γ 核素活度监测浓度结果见表 11 – 5。

表 11 –5 "十三五"自动监测站气溶胶中 γ 核素活度监测浓度结果

监测项目	年份				
	2016 年	2017 年	2018 年	2019 年	2020 年
铍 – 7(mBq/m^3)	92/92	95/95	91/92	109/109	121/121
	0.35 ~ 6.0	0.23 ~ 5.8	0.11 ~ 8.3	0.20 ~ 9.1	0.037 ~ 9.7

表 11-5(续)

监测项目	年份				
	2016 年	2017 年	2018 年	2019 年	2020 年
钾-40(μBq/m³)	25/91 42~219	24/95 18~222	12/94 28~233	8/49 37~269	44/121 31~104
锶-90(μBq/m³)	9/14 1.1~3.4	—	8/8 0.65~2.0	1/8 2.1	1/3 1.7~1.8
铯-137(放化分析)(μBq/m³)	8/8 0.49~1.0	—	8/8 0.26~0.76	8/8 0.64~1.3	13/14 0.42~1.4
碘-131(μBq/m³)	0/92 —	0/95 —	0/95 —	0/49 —	0/121 —
铯-134(μBq/m³)	0/91 —	0/95 —	0/94 —	0/49 —	0/121 —
铯-137(γ能谱分析)(μBq/m³)	0/92 —	0/95 —	0/95 —	0/49 —	4/121 3.5~6.1
铅-210(mBq/m³)	1/1 3.7	12/12 0.89~3.4	12/12 2.4~8.9	12/12 0.58~4.0	10/10 0.68~8.4
铋-214(μBq/m³)	—	—	—	16/32 6.7~27	10/121 4.0~12.0
镭-228(μBq/m³)	3/92 3.7~19	2/95 12~17	2/95 10~12	1/49 12	11/121 13~25
钍-234(μBq/m³)	0/92 —	0/95 —	2/94 18~24	0/49 —	0/121 —
钋-210(mBq/m³)	1/1 0.34	12/12 0.18~0.71	12/12 0.10~0.52	12/12 0.10~0.82	10/10 0.30~0.65

　　降水中氚放射性活度均符合环境正常水平。空气中氚放射性活度均小于本核素的最低检出限。气碘放射性活度浓度符合环境正常水平。"十三五"自动监测站氚活度、气碘活度、沉降物中 γ 核素活度监测浓度结果见表 11-6 至表 11-8。

表 11-6　"十三五"自动监测站氚活度监测浓度结果

类型	监测项目	年份				
		2016 年	2017 年	2018 年	2019 年	2020 年
降水	氚(Bq/L)	0/1 —	0/4 —	0/4 —	0/3 —	2/3 0.79~1.6
空气	氚(Bq/m³)	—	0/1 —	0/1 —	0/1 —	0/1 —

表 11 – 7 "十三五"自动监测站气碘活度监测浓度结果

监测项目	年份				
	2016 年	2017 年	2018 年	2019 年	2020 年
碘 – 131（$\mu Bq/m^3$）	0/20 —	0/12 —	0/12 —	0/12 —	0/34 —

采集沉降物活度监测,测量 ^7Be、^{40}K、^{134}Cs、^{137}Cs、^{228}Ra、^{214}Bi、^{234}Th、^{131}I、^{90}Sr 等 9 个核素的活度浓度。每季度采集 1 次,其放射性活度浓度符合环境正常水平。

表 11 – 8 "十三五"自动监测站沉降物中 γ 核素活度监测浓度结果

监测项目	年份				
	2016 年	2017 年	2018 年	2019 年	2020 年
铍 – 7（$Bq/m^2 \cdot d$）	4/4 0.13 ~ 2.3	5/5 0.061 ~ 0.54	2/2 0.14 ~ 0.53	4/4 0.62 ~ 1.4	26/26 0.017 ~ 0.80
钾 – 40（$mBq/m^2 \cdot d$）	3/4 209 ~ 296	1/5 201	3/3 100 ~ 464	4/4 136 ~ 288	20/26 24 ~ 696
铯 – 137（放化分析）（$mBq/m^2 \cdot d$）	1/1 2.1	—	1/1 2.5	1/1 2.7	5/10 0.20 ~ 0.86
碘 – 131（$mBq/m^2 \cdot d$）	0/4 —	0/5 —	0/3 —	0/4 —	0/26 —
铯 – 134（$mBq/m^2 \cdot d$）	0/4 —	0/5 —	0/3 —	0/4 —	0/26 —
铯 – 137（γ 能谱分析）（$mBq/m^2 \cdot d$）	2/4 2.5 ~ 3.6	0/5 —	1/3 4.9	0/4 —	2/26 3.7 ~ 6.6
锶 – 90（$mBq/m^2 \cdot d$）	1/1 1.7	—	1/1 3.4	1/1 4.2	5/5 4.6 ~ 9.9
铋 – 214（$mBq/m^2 \cdot d$）	3/4	—	—	3/4 7.7 ~ 12	3/26 11 ~ 27
镭 – 228（$mBq/m^2 \cdot d$）	11 ~ 21	0/5 —	1/3 29	0/4 —	10/26 5.1 ~ 80
钍 – 234（$mBq/m^2 \cdot d$）	0/4 —	0/5 —	0/3 —	0/4 —	0/26 —

11.2.1.2 陆地监测点

"十三五"期间,1 个国控点陆地辐射监测点环境累积 γ 辐射空气吸收累积剂量率范围为 69 ~ 111 nGy·h^{-1}。监测结果表明,陆地辐射监测点监测结果在全国天然放射性本底水平调查的涨落范围内。"十三五"国控点 γ 累积剂量见表 11 - 9。

表 11 - 9　"十三五"国控点 γ 累积剂量

点位名称	TLD 剂量率/(nGy·h^{-1})				
	2016 年	2017 年	2018 年	2019 年	2020 年
哈尔滨市东	71	69	71	98	111

注:未扣除宇宙射线响应值。

11.2.1.3　水体监测点

哈尔滨市国控点设有地下水水体监测点 1 个为宾县英杰村,饮用水源地点位 1 个为磨盘山水库。全市省控点设有水体监测点 1 个为西泉眼水库。

"十三五"期间,哈尔滨市地下水和饮用水源地总 α、总 β,放射性核素活度浓度水平未发生显著变化,均在黑龙江水体本底调查范围之内。西泉眼水库总 α、总 β,放射性核素活度浓度水平未发生异常,均在黑龙江水体本底调查范围之内。黑龙江省江河水中天然辐射水平见表 11 - 10,"十三五"地下水放射性核素活度浓度见表 11 - 11,"十三五"水源地饮用水放射性核素浓度见表 11 - 12。

表 11 - 10　黑龙江省江河水中天然辐射水平

核素名称	^{238}U/(μg·L^{-1})	^{232}Th/(μg·L^{-1})	^{226}Ra/(mBq·L^{-1})	^{40}K/(cBq·L^{-1})
放射性含量范围	0.09 ~ 1.48	0.002 ~ 0.668	0.69 ~ 26.94	2.0 ~ 26.58
按面积加权平均值	0.47	0.075	11.94	5.43
按面积加权标准差	0.23	0.079	6.69	3.74

注:引自《黑龙江省环境天然放射性现状研究》。

表 11 - 11　"十三五"地下水放射性核素活度浓度

所在地区	采样点名称	年度	放射性核素活度浓度				
			总 α /(Bq·L^{-1})	总 β /(Bq·L^{-1})	^{226}Ra /(mBq·L^{-1})	Th /(μg·L^{-1})	U /(μg·L^{-1})
哈尔滨市	宾县英杰村	2016 年	0.040	0.130	6.8	0.13	0.2
		2017 年	0.051	0.096	6.6	0.21	0.8
		2018 年	0.065	0.150	6.9	0.48	0.9
		2019 年	0.085	0.057	7.1	0.37	1.3
		2020 年	—	0.054	6.8	0.21	1.7

表 11 –12 "十三五"水源地饮用水放射性核素浓度

属性	水源地名称	年度	放射性核素活度浓度						
			总 α /(Bq·L⁻¹)	总 β /(Bq·L⁻¹)	⁹⁰Sr /(mBq·L⁻¹)	¹³⁷Cs /(mBq·L⁻¹)	²²⁶Ra /(mBq·L⁻¹)	Th /(μg·L⁻¹)	U /(μg·L⁻¹)
国控	磨盘山水库	2016 年	0.003	0.046	3.60	0.62	3.80	0.21	0.19
		2017 年	0.010	0.051	3.90	0.62	4.00	0.33	0.08
		2018 年	0.016	0.051	4.60	0.21	4.20	0.25	0.25
		2019 年	0.018	0.057	4.10	0.51	4.10	0.31	0.13
		2020 年	0.016	0.042	4.20	0.76	1.80	0.21	0.06
省控	西泉眼水库	2016 年	0.014	0.076	5.20	0.43	5.00	0.15	0.19
		2017 年	0.021	0.086	4.40	0.65	5.00	0.23	0.13
		2018 年	0.022	0.095	4.60	0.21	5.20	0.16	0.08
		2019 年	0.027	0.100	4.20	0.33	5.50	0.33	0.07
		2020 年	0.021	0.091	4.70	0.50	2.20	0.39	0.10

11.2.1.4 土壤监测点

"十三五"期间,哈尔滨市 1 个国控土壤监测点中放射性核素含量测量值范围分别为:^{238}U,25 ~ 34 Bq·kg⁻¹;^{232}Th,28 ~ 40 Bq·kg⁻¹;^{226}Ra,26 ~ 34 Bq·kg⁻¹;^{137}Cs,1.3 ~ 1.7 Bq·kg⁻¹;^{40}K,586 ~ 688 Bq·kg⁻¹。与黑龙江省土壤天然辐射水平相比,在正常涨落范围内。"十三五"土壤放射性核素活度浓度及黑龙江土壤天然辐射水平见表 11 –13。

表 11 –13 "十三五"土壤放射性核素活度浓度及黑龙江土壤天然辐射水平

名称	年度	放射性核素活度浓度/(Bq·kg⁻¹·干)				
		⁴⁰K	¹³⁷Cs	²²⁶Ra	²³²Th	²³⁸U
哈尔滨东	2016 年	663	1.5	26	38	34
	2017 年	670	1.3	27	28	20
	2018 年	652	1.4	29	40	29
	2019 年	688	1.7	31	36	36
	2020 年	586	1.6	34	34	25
黑龙江天然辐射水平	放射性含量范围	92.6 ~ 1 096.1	—	4.4 ~ 87.2	3.8 ~ 258.9	1.8 ~ 94.7
	按面积加权平均值	546.0	—	42.3	22.0	26.2
	按面积加权标准差	139.3	—	16.5	7.5	10.2

注:黑龙江天然辐射水平引自潘自强《中国核工业辐射水平与效应》。

11.2.2　电磁辐射环境质量

"十三五"期间,哈尔滨市人和名苑环境中电场强度监测结果在 0.86~1.00 V/m;黑龙江省广播电视塔(龙塔)周围环境电磁辐射水平监测结果在 0.86~1.00 V/m。"十三五"环境中电场强度见表 11-14,"十三五"广播电视电磁辐射设施周围环境电磁辐射水平见表11-15。

表 11-14　"十三五"环境中电场强度

地区(市)	点位类别	点位名	仪器(选择)	仪器频率响应/MHz	测量高度/m	监测指标	测量频率/MHz	年度	电磁辐射水平/(V·m⁻¹)
哈尔滨	住宅区	人和名苑	非选频式测量仪	0.15~3 000	1.7	场强	0.15~3 000	2016	0.86
								2017	0.97
								2018	0.91
								2019	1.00
								2020	1.00

表 11-15　"十三五"广播电视电磁辐射设施周围环境电磁辐射水平

点位名称	测量高度/m	测量频率范围	年度	综合电场强度/(V·m⁻¹)	公众照射导出限值/(V·m⁻¹)
黑龙江省广播电视塔	1.5	0.15~3 000	2016 年	0.86	40
			2017 年	0.97	
			2018 年	0.91	
			2019 年	1.03	
			2020 年	1.00	

11.3　本章小结

"十三五"期间,哈尔滨市辐射环境质量总体良好。电离辐射环境质量相关监测结果均在天然放射性本底水平调查的涨落范围内;电磁辐射环境质量相关监测结果均低于《电磁环境控制限值》(GB 8702—2014)中的相关规定。

第3篇　污染排放

第12章　影响环境空气质量的污染源排放

根据环境统计数据,2020 年哈尔滨市重点工业污染源有 357 家,其中市区 187 家,占总数的 52.4%,县(市)170 家,占总数的 47.6%。与 2015 年相比,2020 年全市重点工业污染源数量增加 51 家,增加了 16.7%。其中市区减少 8 家,减少 4.1%;县(市)增加 59 家,增加53.2%。截至 2020 年末集中式处理设施 54 座,其中污水处理厂 32 座,生活垃圾处理厂 11座,危险废物集中处理厂 11 座。"十三五"期间,哈尔滨市重点工业污染源和集中式处理设施数量稳定增长。

12.1　废气污染源概况

根据环境统计数据,2020 年哈尔滨市重点工业污染源 357 家,废气排放的企业 270 家,占污染源总数的 75.6%。

12.2　废气污染源排放现状

2020 年哈尔滨市煤炭消耗总量 3 561.5 万 t,其中工业煤炭消耗总量 2 223.5 万 t,占全市煤炭消耗总量的 62.4%;生活煤炭消耗总量 1 338.0 万 t,占 37.6%。

12.2.1　主要废气污染物排放

2020 年全市二氧化硫排放量 52 041.2 t。工业源二氧化硫排放量 25 280.3 t,生活源二氧化硫排放量 26 760.0 t,集中式二氧化硫排放量 0.9 t。

2020 年全市氮氧化物排放量 82 425.2 t。工业源氮氧化物排放量 21 970.0 t,生活源氮氧化物排放量 14 718.1 t,机动车氮氧化物排放量 45 718.1 t,集中式氮氧化物排放量 19.0 t。

2020 年全市颗粒物排放量 140 524.6 t。工业源颗粒物排放量 6 161.9 t,生活源颗粒物排放量 133 800.0 t,机动车颗粒物 557.7 t,集中式颗粒物排放量 5.0 t。

12.2.2　工业废气污染物排放行业分布

1.二氧化硫排放量

2020 年全市工业二氧化硫排放量最多的前六个行业依次为电力、热力生产和供应业,非金属矿物制品业,黑色金属冶炼和压延加工业,农副食品加工业、医药制造业,铁路、船舶、航空航天和其他运输设备制造业,其排放的二氧化硫分别占工业二氧化硫排放总量的

93.9%、2.7%、1.3%、0.7%、0.4%、0.3%。

2. 氮氧化物排放量

2020年全市工业氮氧化物排放量最多的前六个行业依次为电力、热力生产和供应业，非金属矿物制品业，黑色金属冶炼和压延加工业，石油、煤炭及其他燃料加工业，酒、饮料和精制茶制造业，铁路、船舶、航空航天和其他运输设备制造业，其排放的氮氧化物分别占工业氮氧化物排放总量的69.6%、22.2%、2.1%、2.1%、0.9%、0.8%。

3. 颗粒物排放量

2020年全市工业颗粒物排放量最多的前六个行业依次为电力、热力生产和供应业，非金属矿物制品业，黑色金属冶炼和压延加工业，农副食品加工业，医药制造业，铁路、船舶、航空航天和其他运输设备制造业，其排放的颗粒物分别占工业颗粒物排放总量的57.5%、29.1%、5.5%、1.8%、1.7%、1.3%。

12.2.3 废气污染物排放特点分析

废气二氧化硫、颗粒物排放量中，生活源排放量占比较大；氮氧化物排放量除机动车外，工业源排放量占比较大。哈尔滨市废气排放量所占比例见表12-1。

表12-1 哈尔滨市废气排放量所占比例   单位:t

污染指标	工业源	所占比例/%	生活源	所占比例/%	集中式	所占比例/%
二氧化硫	25 280.3	48.6	26 760.0	51.4	0.9	0.0
氮氧化物	21 970.0	26.7	14 718.1	17.9	19.0	0.0
颗粒物	6 161.9	4.4	133 800.0	95.2	5.0	0.0

12.3 "十三五"变化情况

12.3.1 污染物排放量变化情况

"十三五"期间，二氧化硫、氮氧化物、颗粒物排放总量2016—2019年逐年下降，2020年增加。与2016年相比，2020年二氧化硫排放总量下降7.2%，氮氧化物排放量总量下降2.9%，颗粒物排放总量下降26.3%。"十三五"哈尔滨市废气污染物排放量一览见表12-2。

表12-2 "十三五"哈尔滨市废气污染物排放量一览   单位:t

污染指标	类型	2016年	2017年	2018年	2019年	2020年
二氧化硫	总量	56 075.8	36 826.0	36 279.7	27 511.2	52 041.2
	工业源	37 051.2	20 160.0	21 617.5	14 752.0	25 280.3
	生活源	19 018.9	16 656.0	14 655.7	12 733.8	26 760.0
	集中式	5.8	10.0	6.5	25.4	0.9

表 12-2（续）

污染指标	类型	2016 年	2017 年	2018 年	2019 年	2020 年
氮氧化物	总量	84 901.3	53 209.8	52 602.4	47 590.9	82 425.2
	工业源	58 733.0	30 420.0	32 262.0	29 466.7	21 970.0
	生活源	26 055.0	22 709.8	20 268.9	18 034.0	14 718.1
	机动车	—	—	—	—	45718.1
	集中式	113.3	80	71.5	89.9	19.0
颗粒物	总量	190 664.5	178 239.2	134 260.5	110 136.1	140 524.6
	工业源	79 609.3	80 990.0	56 363.0	40 852.0	6 262.9
	生活源	111 033.6	97 229.2	77 890.1	69 251.7	133 800.0
	机动车	—	—	—	—	557.7
	集中式	21.6	20.0	7.4	32.4	5.0

12.3.2 污染源排放量变化趋势分析

1. 二氧化硫排放量

"十三五"期间,二氧化硫排放总量、工业源和生活源排放量 2016—2019 年总体呈现逐年下降趋势,2020 年呈现上升趋势,集中式排放量 2016—2019 年呈现缓慢上升趋势,2020 年下降趋势明显。

2. 氮氧化物排放量

"十三五"期间,氮氧化物工业源、生活源呈现缓慢下降趋势,排放总量 2016—2019 年呈现缓慢下降趋势,2020 年显著提升。集中式排放量 2016—2019 年逐年下降,2019—2020 年呈现显著下降趋势。

3. 颗粒物排放量

"十三五"期间,颗粒物排放总量、生活源排放量 2016—2019 年呈现缓慢下降趋势,2020 年有所提升,工业源排放量呈波动下降趋势,集中式排放量总体呈现波动下降趋势。

12.3.3 污染源行业分布

"十三五"期间,二氧化硫、氮氧化物、颗粒物排放量最多的前六个行业中,电力、热力生产和供应业污染物排放量最高,除 2017 年以外,前六大行业的二氧化硫、氮氧化物、颗粒物排放量三项污染物排放量合计比例为全市比例的 95% 以上。2017 年采用污染源普查数据与其他年份统计数据、行业分类有所不同。"十三五"哈尔滨市工业行业二氧化硫行业排放分布表见表 12-3,"十三五"哈尔滨市工业行业氮氧化物行业排放分布表见表 12-4,"十三五"哈尔滨市工业行业颗粒物行业排放分布表见表 12-5。

表12-3 "十三五"哈尔滨市工业行业二氧化硫行业排放分布表

序号	2016年		2017年		2018年		2019年		2020年	
	类别	比例/%	类别	比例/%	类别	比例/%	类别	比例/%	类别	比例/%
1	电力、热力生产和供应业	61.4	热力生产和供应	29.8	电力、热力生产和供应业	51.8	电力、热力生产和供应业	63.4	电力、热力生产和供应业	93.9
2	非金属矿物制品业	10.7	原油加工及石油制品制造	18.2	石油、煤炭及其他燃料加工业	20.3	非金属矿物制品业	17.6	非金属矿物制品业	2.7
3	石油、煤炭及其他燃料加工业	9.7	热电联产	14.7	非金属矿物制品业	18.4	石油、煤炭及其他燃料加工业	10.5	黑色金属冶炼和压延加工业	1.3
4	印刷和记录媒介复制业	6.7	隔热和隔音材料制造	5.0	农、林、牧、渔专业及辅助性活动	2.9	农、林、牧、渔专业及辅助性活动	2.9	农副食品加工业	0.7
5	食品制造业	3.9	水泥制造	4.4	食品制造业	1.7	食品制造业	1.6	医药制造业	0.4
6	农副食品加工业	2.7	生物质能发电	4.4	医药制造业	1.5	医药制造业	1.0	铁路、船舶、航空航天和其他运输设备制造业	0.3
合计		95.1		76.5		96.6		97		99.3

表12-4 "十三五"哈尔滨市工业行业氮氧化物行业排放分布表

序号	2016年		2017年		2018年		2019年		2020年	
	类别	比例/%	类别	比例/%	类别	比例/%	类别	比例/%	类别	比例/%
1	电力、热力生产和供应业	66.5	热力生产和供应	33.8	电力、热力生产和供应业	68.5	电力、热力生产和供应业	68.7	电力、热力生产和供应业	69.6
2	非金属矿物制品业	24.4	水泥制造	18.0	非金属矿物制品业	17.3	非金属矿物制品业	18.2	非金属矿物制品业	22.2

表 12 – 4（续）

序号	2016 年		2017 年		2018 年		2019 年		2020 年	
	类别	比例/%	类别	比例/%	类别	比例/%	类别	比例/%	类别	比例/%
3	石油、煤炭及其他燃料加工业	2.3	热电联产	17.9	石油、煤炭及其他燃料加工业	7.1	石油、煤炭及其他燃料加工业	5.8	黑色金属冶炼和压延加工业	2.1
4	医药制造业	1.9	火力发电	9.0	医药制造业	1.4	医药制造业	1.4	石油、煤炭及其他燃料加工业	2.1
5	酒、饮料和精制茶制造业	1.0	原油加工及石油制品制造	5.2	农副食品加工业	1.2	农副食品加工业	1.4	酒、饮料和精制茶制造业	0.9
6	农副食品加工业	0.9	生物质能发电	2.9	农、林、牧、渔专业及辅助性活动	1.2	农、林、牧、渔专业及辅助性活动	1.2	铁路、船舶、航空航天和其他运输设备制造业	0.8
合计		97		86.8		96.7		96.7		97.7

表 12 – 5 "十三五"哈尔滨市工业行业颗粒物行业排放分布表

序号	2016 年		2017 年		2018 年		2019 年		2020 年	
	类别	比例/%	类别	比例/%	类别	比例/%	类别	比例/%	类别	比例/%
1	非金属矿物制品业	72.0	水泥制造	58.0	非金属矿物制品业	72.5	非金属矿物制品业	74.1	电力、热力生产和供应业	57.5
2	电力、热力生产和供应业	12.0	热力生产和供应	8.5	电力、热力生产和供应业	12.7	电力、热力生产和供应业	11.6	非金属矿物制品业	29.1
3	化学原料和化学制品制造业	4.2	其他煤炭采选	3.2	化学原料和化学制品制造业	4.1	化学原料和化学制品制造业	4.1	黑色金属冶炼和压延加工业	5.5
4	煤炭开采和洗选业	3.6	钾肥制造	2.8	煤炭开采和洗选业	3.6	煤炭开采和洗选业	3.6	农副食品加工业	1.8

表 12 – 5（续）

序号	2016 年		2017 年		2018 年		2019 年		2020 年	
	类别	比例/%	类别	比例/%	类别	比例/%	类别	比例/%	类别	比例/%
5	食品制造业	1.8	隔热和隔音材料制造	2.0	食品制造业	1.9	食品制造业	1.9	医药制造业	1.7
6	农副食品加工业	1.6	水泥制品制造	1.7	农、林、牧、渔专业及辅助性活动	1.0	农、林、牧、渔专业及辅助性活动	1.0	铁路、船舶、航空航天和其他运输设备制造业	1.3
合计		95.2		76.2		95.8		96.3		96.9

12.4 相关性分析

12.4.1 废气排放量与社会经济指标的相关性分析

2016—2020 年,哈尔滨市社会生产总值呈现逐年增长趋势,2020 年受新冠肺炎疫情影响,增速大幅下降;工业二氧化硫总体呈现波动下降趋势;工业氮氧化物排放量 2016—2017 年呈现显著下降趋势,2017—2020 年无明显变化;工业颗粒物排放量 2016—2017 年变化平稳,2017—2020 年下降趋势明显。

2020 年全市生产总值总量 5 183.8 亿元,与 2016 年相比,上升 18.5% ,工业二氧化硫、氮氧化物和颗粒物排放量分别为 25 280.3 t、21 970.0 t 和 6 262.9 t,与 2016 年相比,分别下降 31.8% 、62.6% 和 92.1% 。

基于 2016—2020 年废气排放量与社会经济指标数据,使用皮尔逊相关系数法进行相关性分析。结果表明,二氧化硫排放总量和人口数呈现中度正相关,二氧化硫工业排放量和社会生产总值呈现显著负相关、和人口数呈现显著正相关;氮氧化物排放总量和人口数呈现中度正相关,氮氧化物工业排放量和社会生产总值呈现显著负相关、和人口数呈现高度正相关、和用电量呈现显著负相关;颗粒物排放总量和社会生产总值呈现显著负相关、和人口数呈现高度正相关、和用电量呈现高度负相关;颗粒物工业排放量和社会生产总值呈现显著负相关、和人口数呈现高度正相关、和用电量呈现高度负相关。废气排放量与社会经济指标相关系数统计见表 12 – 6。

表 12 - 6 废气排放量与社会经济指标相关系数统计

指标	国内生产总值	人口	用电量	煤炭消费总量
二氧化硫总量	- 0.47	0.42	- 0.33	- 0.11
二氧化硫工业排放量	- 0.73	0.72	- 0.59	0.23
氮氧化物总量	- 0.36	0.35	- 0.18	- 0.10
氮氧化物工业排放量	- 0.89	0.95	- 0.77	0.65
颗粒物总量	- 0.90	0.81	- 0.90	- 0.11
颗粒物工业排放量	- 0.84	0.81	- 0.92	0.35

注:高度相关($0.8 \leqslant |r| < 1$);显著相关($0.5 \leqslant |r| < 0.8$);中度相关($0.3 \leqslant |r| < 0.5$);微弱相关($0 < |r| < 0.3$)。

12.4.2 废气排放量与环境空气污染物浓度相关性分析

全市废气排放量中颗粒物排放总量、氮氧化物排放总量和二氧化硫排放总量2016—2019 年呈现逐年下降趋势,2020 年有所提升;空气中可吸入颗粒物、二氧化氮和二氧化硫年均浓度呈现总体下降趋势。

基于2016—2020 年废气排放量与环境空气污染物浓度指标数据,使用皮尔逊相关系数法进行相关性分析。结果表明,二氧化硫排放总量和二氧化硫浓度呈现中度正相关;颗粒物排放总量与二氧化硫浓度氮氧化物浓度间均呈现高度正相关,与可吸入颗粒物浓度呈现显著正相关。废气排放量与空气污染物浓度相关系数统计见表 12 - 7。

表 12 - 7 废气排放量与空气污染物浓度相关系数统计

指标	SO_2 排放总量	NO_x 排放总量	颗粒物排放总量
SO_2 浓度	0.46	0.34	0.93
NO_2 浓度	0.30	0.14	0.91
PM_{10} 浓度	- 0.04	- 0.15	0.71

注:高度相关($0.8 \leqslant |r| < 1$);显著相关($0.5 \leqslant |r| < 0.8$);中度相关($0.3 \leqslant |r| < 0.5$);微弱相关($0 < |r| < 0.3$)。

12.5 本 章 小 结

"十三五"期间,哈尔滨市废气(二氧化硫、氮氧化物、颗粒物)三项污染物指标中,颗粒物排放量最多;按污染源类型统计排放量,二氧化硫和颗粒物的工业源排放量占比较大,氮氧化物除机动车以外,工业源排放量占比较大;二氧化硫排放量2016—2019 年逐年下降,2020 年升高,氮氧化物和颗粒物排放量2016—2020 年逐年下降;按照行业分布统计,2016 年、2018 年、2019 年、2020 年前六大行业的污染物合计占全市总量的95% 以上,由于哈尔滨冬季供暖的特点,电力、热力生产和供应业污染物排放量最高。相关分析结果表明,影响废气排放量的主要因素为人口数,随着人口数量的增加,废气排放量也会随之增加。

第13章 影响水环境质量的污染源排放

根据环境统计数据,2020 年哈尔滨市重点工业污染源有 357 家,其中市区 187 家,占总数的 52.4%,县(市)170 家,占总数的 47.6%。与 2015 年相比,2020 年全市重点工业污染源数量增加 51 家,增加了 16.7%。其中市区减少 8 家,减少 4.1%;县(市)增加 59 家,增加53.2%。截至 2020 年末集中式处理设施 54 座,其中污水处理厂 32 座,生活垃圾处理厂 11座,危险废物集中处理厂 11 座。"十三五"期间,哈尔滨市重点工业污染源和集中式处理设施数量稳定增长。

13.1 废水污染源概况

根据环境统计数据,2020 年哈尔滨市重点工业污染源有 357 家,废水排放的企业 174家,占污染源总数的 48.7%。

13.2 废水污染源排放现状

2020 年全市废水排放量 41 058.8 万 t。工业源废水排放量 1 660.1 t,生活源废水排放量 39 366.2 t。集中式废水排放量 32.5 t。

13.2.1 主要废水污染物排放

2020 年全市化学需氧量排放量 47 568.2 t。工业源化学需氧量排放量 1 926.9 t,生活源化学需氧量排放量 45 624.5 t,集中式化学需氧量排放量 16.8 t。

2020 年全市氨氮排放量 3 579.1 t。工业源氨氮排放量 86.2 t,生活源氨氮排放量3 492.1 t,集中式氨氮排放量 0.8 t。

13.2.2 工业废水污染物排放行业分布

1. 废水排放量

2020 年全市工业废水排放量最多的前六个行业依次为酒、饮料和精制茶制造业,农副食品加工业,食品制造业,医药制造业,有色金属冶炼和压延加工业,铁路、船舶、航空航天和其他运输设备制造业,其排放的废水量分别占工业废水排放总量的 24.9%、18.1%、14.5%、14.3%、6.3%、5.9%。

2. 化学需氧量排放量

2020 年全市工业化学需氧量排放量最多的前六个行业依次为酒、饮料和精制茶制造业、医药制造业、食品制造业、农副食品加工业、有色金属冶炼和压延加工业、铁路、船舶、航空航天和其他运输设备制造业,其排放的废水量分别占工业废水排放总量的43.2%、19.5%、15.5%、9.2%、3.7%、2.4%。

3. 氨氮排放量

2020年全市工业氨氮排放量最多的前六个行业依次为医药制造业、酒、饮料和精制茶制造业、铁路、船舶、航空航天和其他运输设备制造业、农副食品加工业、食品制造业、有色金属冶炼和压延加工业分别占工业氨氮排放总量的40.2%、19.0%、13.4%、10.3%、9.3%、3.2%。

13.2.3 废水污染物排放特点分析

废水排放量、化学需氧量、氨氮排放量中,生活源排放量占比较大,均在90%以上。哈尔滨市废水污染物排放量比重分配表见表13-1。

表13-1 哈尔滨市废水污染物排放量比重分配表 单位:t

污染指标	工业源	所占比例/%	生活源	所占比例/%	集中式	所占比例/%
废水排放量	1 660.1	4.0	39 366.2	95.9	32.5	—
化学需氧量	1 926.9	4.1	45 624.5	95.9	16.8	0.0
氨氮	86.2	2.4	3 492.1	97.6	0.8	0.0

13.3 "十三五"变化情况

13.3.1 污染物排放量变化情况

"十三五"期间,化学需氧量、氨氮排放总量除2017年采用污染源普查数据外,其他年份呈现下降趋势,与2016年相比,2020年化学需氧量排放总量下降23.0%,氨氮排放量总量下降43.4%。"十三五"哈尔滨市废水污染物排放量一览表见表13-2。

表13-2 "十三五"哈尔滨市废水污染物排放量一览表 单位:t

污染指标	类型	2016年	2017年	2018年	2019年	2020年
废水排放量	总量	47 645.5	33 761.8	51 374.0	50 826.6	41 058.8
	工业源	2 875.5	2 258.5	2 150.7	1 973.5	1 660.1
	生活源	44 770.0	31 503.3	49 223.4	48 853.1	39 366.2
	集中式	—	—	—	—	32.5

表 13 -2(续)

污染指标	类型	2016 年	2017 年	2018 年	2019 年	2020 年
化学需氧量	总量	61 782.5	33 990.9	48 359.2	47 313.0	47 568.2
	工业源	5 227.4	4 320.0	4 000.7	3 332.5	1 926.9
	农业源	6 288.8	180.5	220.2	67.0	—
	生活源	56 538.6	29 660.9	44 356.8	43 978.5	45 624.5
	集中式	16.5	10.0	1.7	2.0	16.8
氨氮	总量	6 326.4	4 410.5	4 993.1	4 261.1	3 579.1
	工业源	410.7	240.0	210.0	177.3	86.2
	农业源	21.9	5.2	5.2	3.6	—
	生活源	5 914.0	4 170.5	4 782.8	4 083.6	3 492.1
	集中式	1.7	0	0.2	0.2	0.8

13.3.2 污染源排放量变化趋势分析

1. 化学需氧量排放量

"十三五"期间,化学需氧量排放总量、生活源排放量趋势一致,无明显变化趋势,工业源排放量呈现缓慢下降趋势,农业源下降趋势明显(2020 年无农业源数据),集中式排放量先降后升。

2. 氨氮排放量

"十三五"期间,氨氮排放总量、工业源、生活源和集中式排放量 2016—2019 年总体趋于平稳,无明显趋势,2020 年下降趋势明显。

13.3.3 污染源行业分布

"十三五"期间,化学需氧量排放量最多的前六个行业中,2016 年、2020 年,酒、饮料和精制茶制造业污染物排放量最高。2018 年、2019 年,食品制造业污染物排放量最高,2017 年其他乳制品制造污染物排放量最高;氨氮排放量最多的前六个行业中,2016 年食品制造业污染物排放量最高,2017 年啤酒制造污染物排放量最高,2018 年、2019 年,酒、饮料和精制茶制造业污染物排放量最高,2020 年医药制造业污染排放量最高。

除 2017 年以外,前六大行业的化学需氧量和氨氮排放量两项污染物排放量合计比例为全市比例的 90% 以上。2017 年采用污染源普查数据与其他年份统计数据、行业分类有所不同。"十三五"哈尔滨市工业行业化学需氧量行业排放分布表见表 13 -3,"十三五"哈尔滨市工业行业氨氮行业排放分布表见表 13 -4。

表13-3 "十三五"哈尔滨市工业行业化学需氧量行业排放分布表

序号	2016 年		2017 年		2018 年		2019 年		2020 年	
	类别	比例/%	类别	比例/%	类别	比例/%	类别	比例/%	类别	比例/%
1	酒、饮料和精制茶制造业	41.7	其他乳制品制造	35.6	食品制造业	46.7	食品制造业	54.5	酒、饮料和精制茶制造业	43.2
2	医药制造业	19.9	啤酒制造	8.7	农副食品加工业	20.6	农副食品加工业	16.0	医药制造业	19.5
3	石油、煤炭及其他燃料加工业	19.5	酒精制造	7.3	酒、饮料和精制茶制造业	17.6	酒、饮料和精制茶制造业	14.9	食品制造业	15.5
4	食品制造业	5.7	牲畜屠宰	7.1	医药制造业	5.5	医药制造业	5.2	农副食品加工业	9.2
5	农副食品加工业	3.2	淀粉及淀粉制品制造	6.3	石油、煤炭及其他燃料加工业	2.9	石油、煤炭及其他燃料加工业	2.8	有色金属冶炼和压延加工业	3.7
6	通用设备制造业	2.7	白酒制造	5.5	通用设备制造业	1.7	通用设备制造业	1.9	铁路、船舶、航空航天和其他运输设备制造业	2.4
合计		92.7		70.5		95		95.3		93.5

表13-4 "十三五"哈尔滨市工业行业氨氮行业排放分布表

序号	2016 年		2017 年		2018 年		2019 年		2020 年	
	类别	比例/%	类别	比例/%	类别	比例/%	类别	比例/%	类别	比例/%
1	食品制造业	37.8	啤酒制造	34.4	酒、饮料和精制茶制造业	45.5	酒、饮料和精制茶制造业	50.9	医药制造业	40.2
2	酒、饮料和精制茶制造业	25.0	其他乳制品制造	8.1	食品制造业	17.6	食品制造业	19.4	酒、饮料和精制茶制造业	19.0

表 13 –4(续)

序号	2016 年		2017 年		2018 年		2019 年		2020 年	
	类别	比例/%	类别	比例/%	类别	比例/%	类别	比例/%	类别	比例/%
3	医药制造业	15.3	酒精制造	7.3	农副食品加工业	11.0	农副食品加工业	11.3	铁路、船舶、航空航天和其他运输设备制造业	13.4
4	农副食品加工业	8.5	煤制合成气生产	6.7	石油、煤炭及其他燃料加工业	7.7	石油、煤炭及其他燃料加工业	7.2	农副食品加工业	10.3
5	通用设备制造业	5.9	牲畜屠宰	5.6	通用设备制造业	6.0	通用设备制造业	5.2	食品制造业	9.3
6	化学原料和化学制品制造业	3.9	水轮机及辅机制造	4.8	医药制造业	5.4	医药制造业	2.8	有色金属冶炼和压延加工业	3.2
合计		96.4		66.9		93.2		96.8		95.4

13.4　污水处理厂

13.4.1　排放现状

2020 年哈尔滨市共有污水处理厂 32 座,其中城镇污水处理厂 29 座,工业污水处理厂 3 座。设计处理能力达到 190.7 万 t/日,共处理污水 56 165.2 万 t,其中处理生活污水 52 276.8 万 t,占 93.1%,去除化学需氧量 153 230.9 t,去除氨氮 16 787.0 t。

13.4.2　"十三五"变化情况

"十三五"期间,哈尔滨市污水处理厂由 23 座增加至 32 座,污水年处理量由 43 603.6 万 t 增加到 56 165.2 万 t,增长 28.8%;化学需氧量和氨氮去除量 2016—2020 年逐年稳步增长,化学需氧量去除量从 2016 年的 133 577.4 t 增长到 2020 年的 153 230.9 t,增长 14.7%,氨氮从 2016 年的 12 865.8 t 增长到 2020 年的 16 787.0 t,增长 30.5%,氨氮去除量增长速率快于化学需氧量去除量增长速率。哈尔滨市污水处理厂情况见表 13 –5。

表 13 − 5　哈尔滨市污水处理厂情况

年份	处理厂数（座）	设计处理能力（万 t/日）	污水年处理量（万 t）			化学需氧量去除量/t	氨氮去除量/t
			合计	处理工业废水量	处理生活废水量		
2016 年	23	162.8	43 603.6	3 467.5	40 136.1	133 577.4	12 865.8
2017 年	23	162.8	44 797.5	5 361.6	39 435.9	137 762.3	12 506.4
2018 年	24	167.8	46 175.5	3 122.5	43 053.0	148 131.4	13 047.0
2019 年	27	181.1	50 455.8	1 926.3	48 529.5	148 960.9	15 123.4
2020 年	32	190.7	56 165.2	3 888.4	52 276.8	153 230.9	16 787.0

13.5　相关性分析

2016—2020 年,哈尔滨市社会生产总值呈现逐年增长趋势,2020 年受新冠肺炎疫情影响,增速大幅下降;工业废水和氨氮排放量 2016—2017 年下降趋势明显,2017—2020 年排放量趋于稳定;工业化学需氧量排放量呈现逐年下降趋势,生活源工业废水、化学需氧量和氨氮排放量总体呈现下降趋势,2020 年全市生产总值总量 5 183.8 亿元,与 2016 年相比,下降 15.0%;工业源废水、化学需氧量和氨氮排放量分别为 1 660.1 t、1 926.9 t 和 86.2 t,与 2016 年相比,分别下降 42.3%、63.1% 和 79.0%;生活源废水、化学需氧量和氨氮排放量分别为 39 366.2 t、45 624.5 t 和 3 492.1 t,与 2016 年相比,分别下降 12.1%、19.3% 和 41.0%。

基于 2016—2020 年废水排放量与社会经济指标数据,使用皮尔逊相关系数法进行相关性分析。结果表明,工业废水排放量、化学需氧量排放量、氨氮排放量均和人口数呈现高度正相关,和社会生产总值、用电量呈现高度负相关;生活氨氮排放量和人口数呈现高度正相关、和社会生产总值呈现高度负相关、和用电量呈现显著负相关。废水排放量与社会经济指标相关系数统计见表 13 − 6。

表 13 − 6　废水排放量与社会经济指标相关系数统计

指标	国内生产总值	人口	用电量
工业废水排放量	− 0.96	0.98	− 0.91
工业化学需氧量排放量	− 0.88	0.89	− 0.91
工业氨氮排放量	− 0.95	0.98	− 0.89
生活废水排放量	0.21	− 0.06	0.32
生活化学需氧量排放量	− 0.27	0.39	− 0.04
生活氨氮排放量	− 0.84	0.89	− 0.76

注:高度相关($0.8 \leqslant |r| < 1$);显著相关($0.5 \leqslant |r| < 0.8$);中度相关($0.3 \leqslant |r| < 0.5$);微弱相关($0 < |r| < 0.3$)。

13.6 本章小结

　　"十三五"期间,哈尔滨市废水(化学需氧量、氨氮)两项污染物指标中,化学需氧量排放量最多;按污染源类型统计排放量,生活源排放量占比较大;2016—2020年化学需氧量排放量整体上稳中有降,2016—2019年氨氮排放量稳中有降,2020年下降明显;按照行业分布统计,2016年、2018年、2019年、2020年前六大行业的污染物合计占全市总量的90%以上;哈尔滨市共有污水处理厂32座,其中城镇污水处理厂29座,工业污水处理厂3座,2016—2020年,污水处理厂数量、处理能力处理水量、两项污染物去除量逐年增加。相关分析结果表明,影响废水排放量的主要因素为人口数量,随着人口数量的增加,废水排放量也会随之增加。

第 14 章　固 体 废 物

14.1　工业固体废物

14.1.1　产生利用及排放现状

2020 年工业固体废物产生量为 537.2 万 t，一般工业固体废物综合利用量 415.6 万 t，一般工业固体废物处置量 110.0 万 t。

14.1.2　"十三五"产生利用及排放变化情况

"十三五"期间，工业固体废物产生量、综合利用量逐年增加，处置量逐年增加。工业固废产生及处理情况如图 14 - 1 所示。

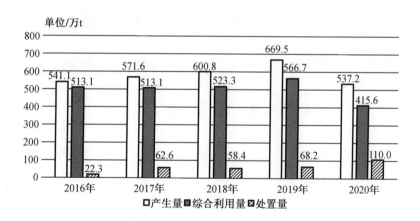

图 14 - 1　工业固废产生及处理情况

14.2　危 险 废 物

14.2.1　产生利用及排放现状

2020 年危险废物产生量 3.3 万 t，危险废物综合利用处置量 2.6 万 t。

14.2.2 "十三五"产生利用及排放变化情况

"十三五"期间,危险废物产生量、综合利用量 2016—2017 年激增,2017—2020 年逐年递减。危险废物产生及处理情况如图 14-2 所示。

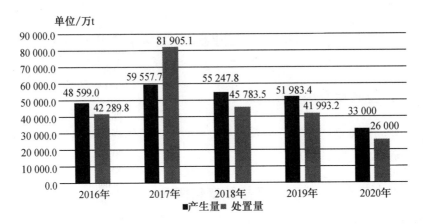

图 14-2 危险废物产生及处理情况

14.3 垃圾处理厂和危险废物处理厂

2020 年哈尔滨市生活垃圾处理厂 11 座,危险废物集中处理厂 11 座。

14.4 本章小结

"十三五"期间,工业固体废物产生量、综合利用量和处置量逐年增加;危险废物产生量、综合利用量先增后减,目前哈尔滨市生活垃圾处理厂 11 座,危险废物集中处理厂 11 座。

第4篇 特色工作及新领域

第15章 环境空气质量预测预报及评估

近年随着我国城市化进程加速,社会经济飞速发展,工业化水平大幅提高,区域大气环境污染加剧问题也逐渐突出。环境空气质量预报作为研究空气质量变化范围、变化程度及发展趋势的一项工作,是有效应对大气污染的基础。空气质量预报基本思路:分析历史空气质量数据,发现其内在的时空相关性,结合未来气象信息及污染源排放情况,对未来的空气质量进行预测。

15.1 能 力 建 设

"十三五"期间,基于多方面探索实践与积累,黑龙江省哈尔滨生态环境监测中心已逐步建立起人才队伍建设机制、集合预报作业平台、预报值班制度、预报会商制度、预报产品交换共享机制、预报信息发布机制、部门间合作共享机制等为一体的空气质量预报业务体系,五年间由最初3天空气质量预报延长至5天,目前已具有7天的潜势预报能力,预报团队实现了空气质量预报从"摸着石头过河"转变为"架起桥梁过河",为哈尔滨市空气质量预报长远发展奠定了坚实基础,为大气污染防治攻坚战提供了关键性技术支持。

15.1.1 队伍建设

预报员是空气质量预报业务工作的主体,为提升预报业务软实力和保障预报业务的长久发展,黑龙江省哈尔滨生态环境监测中心逐步组建了一支高水平、稳定化的预报员队伍,截至2020年底共配备4名预报员,不定期参加中国环境监测总站、黑龙江省生态环境监测中心举办的空气质量预报工作的业务培训和技术交流会议;搭建每日开展例行空气质量预报作业平台,包括空气质量模式预报产品、空气质量实况监测数据、气象观测及预报产品等基础分析资料和填报空气质量预测专报、回顾分析等日常操作界面。

15.1.2 多模式集成预报建设

通过研究国内外现有较好的数值预报模式,并结合哈尔滨市的地形、气象条件、污染源排放、大气污染等方面的特点,在原有 CAUCE 模式基础上采用了 CMAQ、CAMX、WRF-CHEM 三种数值预报模型,通过评估单个模式在一段时间与特定条件下的预测准确度,来动态调整各个模式在集成预报过程中的权重因子,以提高集成预报的准确度。

1. 模式的网格设置和监测网络系统建设

预报系统采用 27 km、9 km、3 km 三重嵌套网格:27 km 水平分辨率覆盖全国大部分地区,为高分辨率嵌套网格提供气象和空气质量的边界条件;9 km 水平分辨率覆盖黑龙江省及周边地区,反映黑龙江省及周边地区的污染态势;3 km 水平分辨率覆盖哈尔滨区域,提供哈尔滨城市各区的空气质量预报结果。垂直网格分层不少于 15 层,垂直范围最底层高度距离地面 20 km。

2. 集合预报模式构建

多模式数值预报系统框架如图 15 – 1 所示。

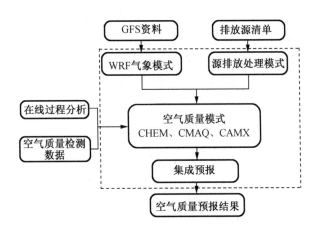

图 15 – 1　多模式数值预报系统框架

空气质量数值预报模式的运行,需要网格化气象数据和网格化污染源清单数据作为数据驱动。网格化气象数据的获取,使用 GPS 数据作为 WRF 预报模式的数据驱动,运行 WRF 得到更加精细的区域网格化气象预报数据。数值预报模式使用的污染排放源清单采用国内权威研究机构编制的中尺度源排放清单,能够反映区域的大气污染源排放情况,满足空气质量模型运算要求。单一模式预报不能完全模拟所有大气物理、化学过程,存在预报缺陷。多模式集合预报通过对不同模式预报结果合理的集成,能有效改进模式预报的整体结果,提高预报的准确度。

3. 可视化预报产品

可视化预报产品是空气质量模式预报的呈现,基于不同的数值模型、预报区域、预报时间、预报指标的模拟结果,提供多个时刻、区域、参数、模式的分析方法对预报产品进行空间可视化表达。

15.2　环境和气象部门会商共享机制

气象预报是空气质量预报的关键前提,是空气质量预报模式的重要输入资料。2015 年以来黑龙江省哈尔滨生态环境监测中心与哈尔滨市气象台建立哈尔滨市环境气象监测服务系统,实现信息共享、联合会商、信息发布机制。环境气象监测服务系统有利于双方资源效用的最大化,将环保和气象双方掌握的数据信息、预报产品及环境气象数值预报结果都共享到环境气象综合发布系统中,方便双方信息的及时获取。除与气象部门进行会商外,同时加强与上级预报部门会商,与黑龙江省生态环境监测中心通过黑龙江省空气质量预报系统和邮件实现预报共享机制,实现了预报自上而下和自下而上的双向交换共享,保证预报结果趋于一致性。空气质量重污染期间,采取视频、电话、现场等形式开展会商,实时掌握气象条件,研判空气质量变化趋势,在重大活动空气质量保障中发挥了积极作用。

15.3 预测预报信息发布

及时发布空气质量预报是满足公众环境知情权、体现空气质量预报价值的重要方式。"十三五"期间,累计发布空气质量预测专报 1 827 期,精细化预报 2 740 期,重污染信息专报 217 期,预警建议专报 70 余期。预报信息主要通过全国空气质量预报联网信息发布管理平台、哈尔滨市人民政府信息公开平台、邮件报送相关部门等形式对外发布。每日提供至少一次精细化短时预报,在重污染天气发生时,提供多时段空气质量变化趋势预测,各类预测信息及报告充分保证了管理部门及时掌握空气质量污染现状及变化趋势,为其采取管控措施,降低污染程度提供了技术支持。

15.4 预报评估及评价方法

15.4.1 空气质量指数预报分析评价方法

环境空气质量预报依据《环境空气质量标准》(GB 3095—2012)、《环境空气质量指数(AQI)技术规定(试行)》(HJ 633—2012)、《环境空气质量评价技术规范(试行)》(HJ 633—2013)》和《城市环境空气质量指数(AQI)预报评估技术规定(暂行)》(总站预报字〔2020〕549 号)等相关文件进行评价。

15.4.2 AQI 范围预报准确率评估

根据中国环境监测总站印发的《城市环境空气质量指数(AQI)预报评估技术规定(暂行)》的通知要求,当 AQI 预报中值小于等于 50(空气质量优级)时,对中值上下浮动 10,当 AQI 预报中值超过 50 时,对中值上下浮动 20%,得到浮动后的 AQI 预报范围,若城市当日实况 AQI 落入浮动 AQI 预报范围内,则记为预报准确,否则为预报偏高或偏低。

"十三五"期间,24 小时 AQI 预报准确率为 41.8%;48 小时小时为 40.1%;72 小时为40.2%,总体来看,24 小时 AQI 范围预报准确率略高于 48 小时和 72 小时,近五年 AQI 范围预报准确率在 40% 左右。"十三五"哈尔滨市环境空气质量年 AQI 范围预报评估结果见表15 – 1。

表 15-1   "十三五"哈尔滨市环境空气质量年 AQI 范围预报评估结果   单位:%

时间	2016 年	2017 年	2018 年	2019 年	2020 年
未来 24 小时	40.4	42.5	43.3	42.5	40.2
未来 48 小时	42.1	40.3	39.7	37.5	41.0
未来 72 小时	42.3	40.5	39.1	36.7	42.1

"十三五"期间,24 小时 AQI 范围预报准确率 5—9 月较高,最高可达 70% 以上,11—12 月较低。秋冬季 AQI 范围预报准确率低于春夏季,主要原因是秋冬季大气层稳定,气象扩散条件较差,污染排放量不确定性增加,增大预报难度。

15.4.3   空气质量级别预报准确率评估

根据中国环境监测总站印发的《城市环境空气质量指数(AQI)预报评估技术规定(暂行)》的通知要求,当日实况空气质量级别落入浮动 AQI 预报范围对应的级别范围内,则记为预报准确。

"十三五"期间,哈尔滨市空气质量 24 h 级别预报准确率为 74.1%,48 h 级别为 71.2%,72 h 级别为 70.6%。可以看出,未来 24 h 预报准确率高于 48 h 和 72 h,空气质量级别准确率呈逐年上升趋势。"十三五"哈尔滨市空气质量级别预报准确率见表 15-2。

表 15-2   "十三五"哈尔滨市空气质量级别预报准确率   单位:%

时间	2016 年	2017 年	2018 年	2019 年	2020 年
未来 24 h	68.9	69.3	74.7	83.6	74.3
未来 48 h	68.9	64.7	70.5	76.7	75.4
未来 72 h	67.5	65.8	70.5	74.0	75.1

"十三五"期间,2019—2020 年空气质量级别月预报准确率整体高于 2016—2018 年,普遍在 5—9 月较高,2019 年 8 月准确天数最多可达 30 天,准确率 96.8%;11—12 月准确率较低。秋冬季空气质量级别预报准确率低于春夏季。

15.4.4   首要污染物预报准确率评估

根据中国环境监测总站印发的《城市环境空气质量指数(AQI)预报评估技术规定(暂行)》的通知要求,首要污染物预报评估为当实况 AQI 为良及以上级别时,若任一预报首要污染物与任一实况首要污染物相同时,则为首要污染物预报准确。"十三五"哈尔滨市首要污染物预报准确率如图 15-2 所示。

"十三五"期间,哈尔滨市 24 h、48 h 和 72 h 首要污染物预报准确率分别为 74.0%、71.5% 和 71.3%;在 2020 年分别达到了 83.0%、82.6% 和 86.1%,呈逐年上升趋势,且均高于 60%。首要污染物 24 h 预报准确率高于 48 h 和 72 h。

"十三五"期间,哈尔滨市 24 小时、48 小时和 72 小时的首要污染物月预报准确率整体趋势基本一致,月预报准确率的范围为 0% ~ 100%。按年份来看,2019—2020 年的月预报准确率明显高于 2016—2018 年;按月份来看,11 月至次年的 3 月首要污染物的预报准确率高于其他月份。实况首要污染物为细颗粒物时的预报准确率要明显高于实况首要污染物为其他污染物的预报。

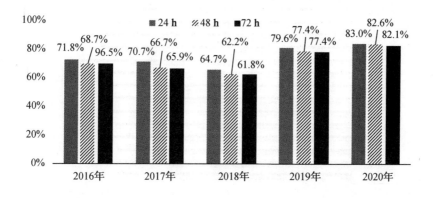

图 15-2 "十三五"哈尔滨市首要污染物预报准确率

15.4.5 采暖期和非采暖期准确率

根据《中国环境监测总站印发的城市环境空气质量指数(AQI)预报评估技术规定(暂行)》的通知要求,考虑哈尔滨市特殊的地理位置、气象条件及冬季燃煤供暖等因素对空气质量影响较大,增加了"十三五"期间哈尔滨市采暖期和非采暖期的预报准确率评估。"十三五"哈尔滨市采暖期和非采暖期 AQI 范围预报准确率如图 15-3 所示。

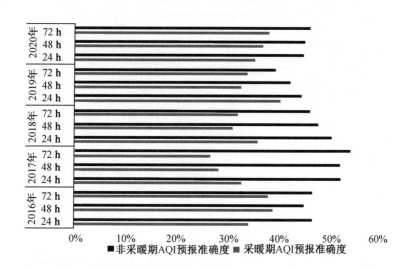

图 15-3 "十三五"哈尔滨市采暖期和非采暖期 AQI 范围预报准确率

"十三五"期间,哈尔滨市采暖期AQI范围预报准确率34.4%,非采暖期47.0%,整体预报准确率较低;非采暖期AQI范围预报准确率要明显高于采暖期,主要是采暖期燃煤影响,以及冬季大气边界层较低、容易出现逆温等复杂因素造成预报难度增大,导致预报准确率较低。"十三五"哈尔滨市采暖期和非采暖期空气质量级别预报准确率如图15-4所示。

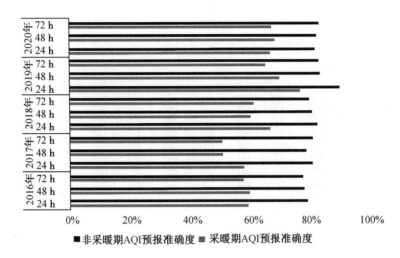

图15-4 "十三五"哈尔滨市采暖期和非采暖期空气质量级别预报准确率

"十三五"期间,哈尔滨市采暖期空气质量等级预报准确率62.6%,非采暖期81.4%,空气质量等级预报准确率整体上呈逐年上升趋势,且非采暖期高于采暖期,同样与冬季排放源和气象条件等复杂因素有关。"十三五"哈尔滨市采暖期和非采暖期首要污染物预报准确率如图15-5所示。

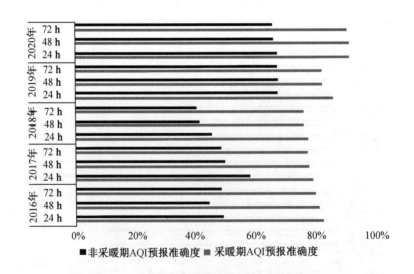

图15-5 "十三五"哈尔滨市采暖期和非采暖期首要污染物预报准确率

"十三五"期间,哈尔滨市采暖期首要污染物预报准确率82.6%,非采暖期55.5%,与AQI

范围预报和空气质量等级预报准确率情况相反,采暖期首要污染物预报准确率明显高于非采暖期,主要是由于采暖期受燃煤影响,首要污染物较为单一,多为细颗粒物,而非采暖期可能出现臭氧、二氧化氮或可吸入颗粒物等为首要污染物的情况,且夏季臭氧的形成机理较为复杂,难以准确预测,造成非采暖期首要污染物预报准确率较低。2019—2020 年相比于 2016—2018 年对于首要污染物的预报准确率有所提高,尤其是非采暖期提升更为明显。

15.5 本 章 小 结

"十三五"期间,随着空气质量预报业务体系的不断完善,预报队伍能力建设不断提升,哈尔滨市空气质量预报准确率整体呈上升趋势。其中 AOI 范围预报准确率均在 40% 左右,春夏季高于秋冬季;空气质量级别预报均在 70% 以上,春夏季明显高于秋冬季;首要污染物预报准确率均在 70% 以上,11 月至次年的 3 月预报准确率高于其他月份。AQI 范围预报和空气质量级别准确率非采暖期明显高于采暖期,首要污染物预报准确率采暖期明显高于非采暖期。

第16章　大气超级站环境空气监测

哈尔滨市大气复合污染超级监测站(简称"大气超级站")建成于2018年6月,是我国纬度最高的大气超级站,对北方雾霾的研究具有重大意义。大气超级站采用固定点连续监测、地面监测与地基垂直测量相结合、地面遥测与卫星观测相结合、常规监测与高技术手段监测相结合构成的空气质量立体监测系统。大气超级站在探索哈尔滨市及周边区域大气污染物的迁移转化特征,揭示大气复合污染的过程与机制,阐明臭氧及光化学污染规律,识别大气污染的来源与成因发挥了重要作用,从而为哈尔滨市的大气污染防治与环境质量改善提供技术支撑与决策依据。

16.1　平台总体设计

平台按系统物理结构分为感知层、传输层、网络层和应用层。其中感知层主要为基础数据采集层,包括大气常规监测、站房安防监控、大气超级站数据等,是平台数据的来源基础;传输层的数据转换程序把基础数据转换成便于网络传输的格式,采用以太网进行传输;网络层则将传输层传输的数据对接至中心服务器存储,云处理平台对服务器存储的数据进行处理,同时远程监控中心对服务器进行监控;应用层通过统一的数据共享接口,对数据进行查询、统计以及专题分析。

系统业务平台以服务器、VPN、网络设备等作为硬件支撑,以大气超级站监测数据为核心,结合空气质量监测数据、气象监测与预报预警数据、城市摄影与站房安防监控数据等外部数据作为支撑,实现常规污染物及气象分析、报告生成等功能应用。平台拥有完善的系统运行机制与管理制度及系统安全保障体系,是具备多功能的大气复合立体观测数据分析与应用的业务化平台。

平台按系统软件结构成数据服务层、业务逻辑层、应用层、表现层。数据服务层负责以大气超级站为核心,以及其他各传感器的颗粒物组分及光化学数据要素的全面感知与数据集成,通过对采集数据的抽取、转换、整合等手段,为数据层的智能分析应用提供数据来源。应用层通过数据分析,向用户呈现空气质量污染特征、成因诊断、源解析、智能报告等内容,分成不同专题展示再分析产品结果,为相应的决策提供依据。

16.2 大气超级站运行

16.2.1 仪器组成及应用

哈尔滨市大气超级站仪器种类丰富,功能齐全,包括 $PM_{10}/PM_{2.5}$ 颗粒物连续监测仪、$PM_{1.0}$ 颗粒物分析仪、TSP 分析仪、大气重金属在线分析仪、在线大气气溶胶有机碳/元素碳分析仪、在线气溶胶离子监测仪、粒径谱仪、大气稳定度仪、大气颗粒物在线源解析质谱监测系统、硫化氢/二氧化硫分析仪、氨 – 氮氧化物($NH_3 - NO - NO_2 - NO_x$)分析仪、NO_y 监测仪、一氧化碳分析仪、臭氧分析仪、二氧化碳分析仪、甲烷/非甲烷碳氢分析仪、在线 VOC_S 监测仪、光解光谱仪、PAN 分析仪、多轴差分吸收光谱仪、气象五参数、UV 辐射计、微波辐射计、太阳分光光度计、风廓线激光雷达、温湿度廓线雷达、走航式 3D 可视激光雷达、定点式激光雷达、黑炭仪、浊度仪、能见度仪、云高仪、颗粒物吸湿性/挥发性分析仪及城市环境摄像系统。

16.2.2 监测内容

哈尔滨市大气超级站能够实现气象参数、灰霾大气成分、颗粒物浓度及组分,以及大气能见度及光学性质的监测与分析。内容如下:气象参数,包括气象数据、温度、湿度、风速和风向、UV 辐射值等;灰霾大气成分,包括硫化氢、二氧化硫、氨 – 氮氧化物、一氧化碳、臭氧、二氧化碳、甲烷/非甲烷等气态污染物;颗粒态污染物,包括细颗粒物、可吸入颗粒物、总悬浮颗粒物、大气颗粒物中重金属、颗粒物中水溶性离子、颗粒物中碳质组分等;大气能见度及光学性质,包括浊度、能见度、云高、颗粒物吸湿性/挥发性等。

16.2.3 监测频次

为加强大气超级站的管理,确保各仪器稳定高效运行,提高效率,降低运行成本,充分发挥各类监测仪器的功能,各仪器的运行频次有所不同。其中气象参数、灰霾大气成分、颗粒态污染物为全年连续监测。

16.2.4 数据获取与仪器运维

哈尔滨市大气超级站根据各监测指标的不同,采取不同的数据获取平台和方式。包括内置记录器保存(如可吸入颗粒物、细颗粒物等)、Matlab 软件(大气颗粒物在线源解析质谱监测系统)、数据下载软件(能见度)、本地数采仪数据传输至计算机终端(二氧化碳、一氧化碳、臭氧等)、专用软件(温度、湿度等)等。

仪器的安装、运行需合适的环境条件,包括温度条件、湿度条件、大气压力条件、电源电压等。部分仪器具有自诊断及报警功能,能够进行自动校零、校跨、显示仪器的操作状态和远距离诊断。

16.3　监测成果

16.3.1　数据筛选及质控

1.气象数据

根据气象参数的物理意义,判断气象数据值的合理区间,对不在合理区间的数值进行剔除;其次,根据绘制图像数据的连续性,密切关注及跟踪异常值(异常高值、异常低值、变异较大的值等),对不符合物理意义的异常值进行剔除;最后,根据一些物理参数之间的数量、相关性等内在关系,判断各参数的合理性,对关系不合理的数据进行剔除。

2.气态污染物数据

气态污染物数据筛选过程中,剔除标定期间的数据,利用标定值对实际测量值进行订正。对订正后的数据,按照异常值排查方法进行数据的进一步质控。首先,根据经验判断各气态污染物浓度的测量值是否在合理区间,剔除不在合理区间的数值;其次,根据时间序列图中数据的连续性,关注并跟踪异常值(异常高值、异常低值、变异较大的值等);最后,根据化学参数之间的数量、相关性等内在关系,判断各参数的合理性,进行数据剔除工作,形成气态污染物的基本数据集。

3.颗粒物数据

按照时间序列连续性、异常值筛查、颗粒物间数量关系进行数据质控。

16.3.2　气象参数监测

运行观测期间,温度均值为 8.5 ℃,数值范围为 - 27.2 ~ 34.6 ℃,变化幅度大,随着进入夏季,上升速度明显加快;相对湿度均值为 58.1%,数值范围为 13.4% ~ 89.1%,观测期间数值整体偏低;哈尔滨地区主要盛行西风及西南风,很少有大风天气发生,随着进入夏季,西风及西南风出现频次减少,东北风的频次逐渐增加。根据大气超级站数据,获得气象数据序列,可以看出温度和相对湿度往往呈现明显的负相关关系,夜晚温度低、湿度大,中午温度高、湿度小。哈尔滨市大气超级站气象参数时间序列如图 16 - 1 所示。

根据大气超级站数据,可获得哈尔滨市整年风速和风向等风的性质。风玫瑰图以极角为风向,0 度代表正北方,处于正上方;极轴为风速,离极点越远风速越大。可看出,哈尔滨地区主要盛行西风及西南风,以微风为主,少有大风。哈尔滨市风玫瑰图如图 16 - 2 所示。

16.3.3　气态污染物监测

根据 2019 年哈尔滨市大气超级站监测数据,二氧化硫、二氧化氮、臭氧、一氧化碳四种气态污染物年平均浓度分别为 20 $\mu g/m^3$、21 $\mu g/m^3$、41 $\mu g/m^3$ 和 1.2 mg/m^3。

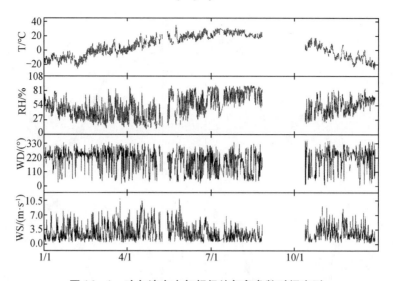

图 16 – 1　哈尔滨市大气超级站气象参数时间序列

图 16 – 2　哈尔滨市风玫瑰图

1. 气态污染物日变化

二氧化硫、二氧化氮、臭氧、一氧化碳日变化非常明显。二氧化硫每日基本呈双峰型变化模态,峰值出现在 8 时和 22 时,8 时的峰值意味着在该时段内二氧化硫存在排放高峰;而夜间的峰值则可能是因为大气边界层高度降低,扩散条件变差,污染物逐渐积累导致。一氧化碳的日变化曲线与二氧化硫类似。二氧化氮浓度则基本在夜间出现峰值,时段为 21 时至次日凌晨 1 时。可能原因有两个:夜间由于太阳辐射的消失,二氧化氮的光解反应停止,二氧化氮得以积累;而夜间的峰值则可能是因为大气边界层高度降低,扩散条件变差,污染物逐渐积累导致。臭氧是光化学反应的产物,日出后随着太阳辐射强度的增大,臭氧前体物的光化学反应增强,造成臭氧浓度的持续升高,并且在 14 时左右达到最大值;夜间随着阳光的减弱,光化学速率下降,且臭氧与一氧化氮反应不断被消耗,浓度逐渐下降,在日出前形成低值区。哈尔滨市主要气态污染物日变化曲线如图 16 – 3 所示。

2. 相关性分析

运行观测期间,一氧化碳和二氧化氮的线性回归系数为 0.18。臭氧与温度存在明显的正相关性。臭氧一般通过大气光化学反应产生,这与其超标数据主要集中在春、夏两季相符合。

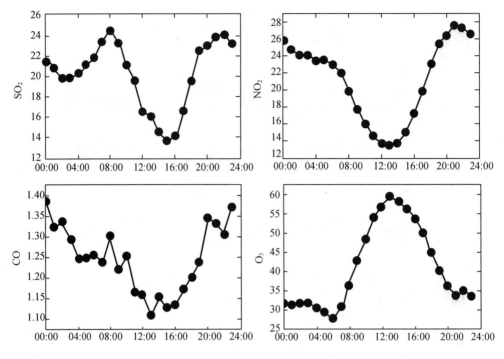

图 16 − 3　哈尔滨市主要气态污染物日变化曲线

16.3.4　颗粒态污染物监测

根据 2020 年哈尔滨市大气超级站监测数据,可吸入颗粒物浓度日均高值主要分布在 1 月和 4 月。4 月 17 日和 4 月 18 日为观测期间最高值,分别为 238.9 $\mu g/m^3$ 和 222.4 $\mu g/m^3$。

1. 颗粒态污染物日变化

细颗粒物、可吸入颗粒物的日变化趋势十分相似,均呈夜间高、白天低的特征分布。这主要与夜间天气相对静稳,不利于污染物扩散有关。哈尔滨市细颗粒物、可吸入颗粒物日变化序列如图 16 − 4 所示。

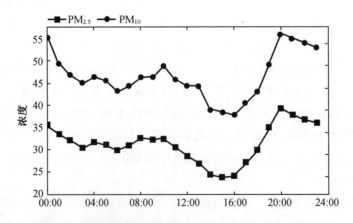

图 16 − 4　哈尔滨市细颗粒物、可吸入颗粒物日变化序列

2. 污染物相关性分析

二氧化硫是煤烟型污染的重要一次污染物,二氧化氮是光化学污染的重要一次污染物。可吸入颗粒物与二氧化硫的线性回归系数为0.57,可吸入颗粒物与二氧化氮的线性回归系数为0.34,表明二氧化硫和二氧化氮均为哈尔滨地区可吸入颗粒物的重要前体物。哈尔滨市可吸入颗粒物与二氧化硫、二氧化氮的相关关系如图16-5所示。

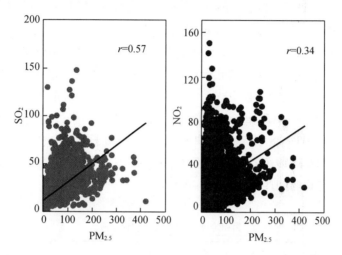

图 16-5 哈尔滨市可吸入颗粒物与二氧化硫、二氧化氮的相关关系

3. 可吸入颗粒物来源解析

哈尔滨市大气超级站大气颗粒物在线源解析质谱监测系统可以最快一小时自动对可吸入颗粒物来源进行解析。以哈尔滨市2019年可吸入颗粒物来源解析结果为例:哈尔滨市可吸入颗粒物的主要来源有二次无机源、汽车尾气、燃煤及生物质燃烧,这四种污染源共约占可吸入颗粒物总源的80%。

根据哈尔滨市大气超级站大气颗粒物在线源解析质谱监测系统解析结果,可以对不同季节的可吸入颗粒物来源解析进行对比。以2019年可吸入颗粒物监测数据为例:春夏秋冬二次无机盐对可吸入颗粒物的贡献率分别为19%、16%、39%、20%,说明秋季二次无机盐污染严重;汽车尾气的排放对可吸入颗粒物的贡献在夏季最大,占比28%,为夏季可吸入颗粒物的首要排放源,这可能与哈尔滨市夏季出行活动增多有关;煤污染源的特征为有机碳、元素碳和氯离子浓度高,硫酸盐和硝酸盐浓度也较高,这几类物种通常被认为是燃煤排放的特征物,特别是燃煤排放氯离子的示踪作用得到较多的认同。2019年全年,燃煤源对可吸入颗粒物的贡献为18%,夏秋季燃煤贡献率较小,均为13%;春冬季燃煤需求量较大,贡献率显著增大,分别为22%和21%。可以看出,燃煤仍然是哈尔滨市大气可吸入颗粒物的重要来源。生物质燃烧源作为哈尔滨地区可吸入颗粒物不可忽视的另一重要来源,其在2019年全年对可吸入颗粒物的贡献率为15%,其占比在春冬季节相比夏秋季节较高,分别为20%和14%,因此,在这两个季节内,生物质燃烧活动的管控对改善哈尔滨市本地空气质量显得尤为重要。

16.3.5 典型污染过程研究

1. 污染概述

哈尔滨市大气超级站的运行可以科学地解释哈尔滨市空气污染的原因以及影响因素,为哈尔滨市生态环境保护执法部门开展执法工作提供数据支撑等有力保障。下面以 2019 年 12 月 27 日至 12 月 29 日可吸入颗粒物典型污染过程作案例,分析哈尔滨市大气污染的状况、特征及影响因素。该时段内哈尔滨经历了从洁净空气开始积累、发展到爆发及快速消除的过程。具体表现为:哈尔滨市 28 日上午 6:00 可吸入颗粒物浓度为 33 $\mu g/m^3$,之后呈持续上升趋势,至当日 13:00 达到此次污染过程的最高值 246 $\mu g/m^3$;而后进入污染持续状态,可吸入颗粒物时均值维持在 200 $\mu g/m^3$ 以上;29 日白天期间,可吸入颗粒物浓度下降明显,至当日 7 时其值降为 47 $\mu g/m^3$,污染过程结束。此次污染过程可分为四个污染阶段,即累积阶段(27 日 15:00—28 日 5:00)、快速上升阶段(28 日 6:00—28 日 13:00)、污染持续阶段(28 日 14:00—28 日 19:00)和快速下降阶段(28 日 20:00—29 日 7:00)。污染过程中可吸入颗粒物浓度变化时间序列如图 16 – 6 所示。

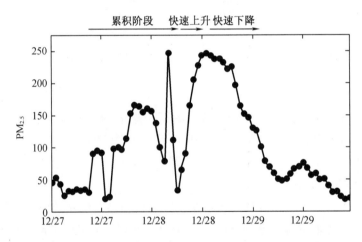

图 16 – 6　污染过程中可吸入颗粒物浓度变化时间序列

2. 成因分析

从气象条件看,此次污染过程中哈尔滨当地风速较小(小于 2 m/s),天气条件相对静稳,不利于污染物扩散,导致污染物累积爆发;同时,哈尔滨市本地相对湿度较高(大于 60%),污染物易转化生成,双重因素影响下,更利于污染事件的发生发展。

此次污染过程可吸入颗粒物来源解析结果如下(持续及快速下降阶段可吸入颗粒物来源解析数据缺失):可吸入颗粒物的主要来源分别是汽车尾气、二次无机源及燃煤源。其中快速上升阶段汽车尾气和燃煤源对可吸入颗粒物的贡献占比相比累积阶段有一定程度的上升,而燃煤源占比上升的幅度最大,达 7%,表明哈尔滨地区冬季典型细颗粒物污染事件中,燃煤问题仍十分严峻。

16.4 本章小结

大气超级站作为大气污染研究良好的观测平台,为大气环境领域的联合观测与科研交流提供了载体,也对哈尔滨市大气环境污染综合整治发挥了重要作用。建站以来,在对大气超级站监测成果的研究中发现数据质控工作、环境信息资料及源解析技术仍需进一步完善,数据分析因时间限制也欠深入和细致,研究结果存在较大的不确定性。目前大气超级站在运行过程中缺少更加专业的运维人员和存在数据分析能力不足两方面主要问题。

第17章 水 生 生 物

水质化学评价是一种单因子评价,被测水体中污染程度最重的某一项指标达到的类别,即被定为被测水体的类别。水质生物学评价是利用被测水体中生活的水生生物的种类和数量及其群落结构,从指示生物和生物多样性的角度来判断被测水体的污染程度,是对水体中各类污染物综合毒性的反映。从评价结果看,水生生物对水质的变化更敏感。

松花江流域水生态状况调查利用流域理化监测指标,通过着生藻类、浮游植物和底栖动物等物种的鉴定,体现着生藻类、浮游植物和底栖动物的群落结构及多样性状况。

17.1 网络布设及评价方法

17.1.1 点位布设、监测指标及频次

"十三五"期间,每年的6月和9月,主要根据雨季降水频率、降水量及松花江水位高度同时结合气候特征,来选择采样时间和采样的具体点位。水生生物监测点位及监测指标见表17-1。

表 17-1 水生生物监测点位及监测指标

水体名称	断面名称	监测点位	监测指标
松花江干流	朱顺屯	朱顺屯左岸 朱顺屯右岸	底栖动物、着生藻类
	阿什河口下	阿什河口下左岸 阿什河口下右岸	底栖动物、着生藻类
	呼兰河口下	呼兰河口下左岸 呼兰河口下右岸	底栖动物、着生藻类
	大顶子山	大顶子山左岸 大顶子山右岸	底栖动物、着生藻类
	摆渡镇	摆渡镇	底栖动物、着生藻类
	牡丹江口下	牡丹江口下左岸 牡丹江口下右岸	底栖动物、着生藻类
阿什河	阿什河口内	阿什河口内	底栖动物、着生藻类
呼兰河	呼兰河口内	呼兰河口内	底栖动物、着生藻类

干流朱顺屯断面地处东经 126°33′,北纬 45°45′。江面宽约 1 km 左右,平均水深约

2 m。右岸有人工修筑的江堤,紧邻大桥。左岸有少数水生植物和灌木,右岸部分江堤长有水生植物和灌木,底质以淤泥为主,受航运等人为干扰相对较大。

干流大顶子山断面位于哈尔滨大顶子山航电枢纽附近,地处东经 126°55′,北纬 46°00′。左岸有人工修筑的江堤,有少量灌木,右岸靠近村落,有渔船出没和农村农田排水口,人为干扰较多,灌木及水生植物覆盖率不高。采样点附近底质以泥沙为主。

干流摆渡镇断面地处东经 128°9′,北纬 45°55′。江面宽 600 m 左右,该点位附近有采沙场人为干扰,较近处两岸 1 km 外有村庄和农田,受人为扰动较大。江岸有较少的灌木覆盖,岸边有少许鹅卵石,主要底质为泥沙和砾石。

支流阿什河口内断面地处东经 126°42′,北纬 45°49′。生境状况较差,有极少的地方出现灌木植被,多分布在河岸边,比邻文昌污水处理厂、红星锅炉厂和哈尔滨水泥厂。河岸有较多的工业排污口,点位附近未发现有农田植被。多处岸边架有捕鱼鱼台,无人为干扰的地域极少。底质以淤泥和细沙为主,水面偶尔会出现臭味。

支流呼兰河口内断面经纬度坐标为东经 126°47′,北纬 45°55′。比邻铁路桥,水面宽约 200 m,附近有一处小水泥厂、村庄及农田,多有渔船出现,人为扰动较大。水体附近有灌木植被,覆盖率在 30% 左右。底质以砾石和卵石为主。

17.1.2 分析评价方法

应用着生藻类指标对流域内 2016—2020 年的水生态状况进行评价,选用国际上通用的 Shannon-Wiener 多样性指数评价水生态环境质量;选择 FBI 生物学指数对底栖动物进行评价。

FBI 指数以定量数据计算,按科级分类单位统计,耐污值主要参考"中国常见科耐污值"。

$$FBI = \sum n_i T_i N / N$$

式中:n_i 为科 i 的个体数;T_i 为科 i 的耐污值;N 为总个体数。

FBI 指数评价标准见表 17-2。

表 17-2　FBI 指数评价标准

FBI 指数	0.00～3.50	3.51～5.00	5.01～5.75	5.76～7.25	7.26～10
污染状况	优秀	良好	中等	较差	很差

Shannon-Wiener 多样性指数反映群落结构的复杂程度,数值越大,群落结构越复杂,对环境的反馈功能越强,越稳定;数值越小,群落结构越简单。

$$H' = \sum (n_i/N) \times \log_2(n_i/N)$$

式中:H' 为物种多样性指数,n_i 为第 i 种的藻类植物个体数,N 为藻类植物总数。

正常环境,该指数升高;环境受污染,该指数降低。

Shannon-Wiener 多样性指数评价标准见表 17-3。

表 17 – 3   Shannon-Wiener 多样性指数评价标准

H	0	0 ~ 1	1 ~ 2	2 ~ 3	> 3
污染状况	很差	较差	中等	良好	优秀

17.2   水生生物现状及评价

17.2.1   底栖动物现状

"十三五"期间,松花江干流哈尔滨段 8 个断面 13 个点位共监测到底栖动物 41 属。其中水生昆虫 18 属,占 43.9%;软体动物 14 属,占 34.1%;环节动物 6 属,占 14.6%;甲壳动物 3 属,占 7.4%。底栖动物的种类数在 16 ~ 21 之间变化,2018 年最多,为 21 属;2020 年最少,为 16 属。种类数和生物密度无明显变化规律。五年间优势种差异较大,既有指示轻污染的蜉蝣目小蜉、扁蜉、毛翅目大纹石蚕、多距石蚕,也有指示中污染的双翅目多足摇蚊及软体动物圆田螺。

"十三五"期间,两条支流阿什河口内和呼兰河口内断面底栖动物种类数明显少于松花江干流哈尔滨段断面。五年间种类数和生物密度均无明显变化。阿什河口内断面优势种为指示重污染的摇蚊,呼兰河口内断面优势种在"十三五"期间变化相对较大,分别为纹石蚕、摇蚊、纹沼螺。

17.2.2   着生藻类现状

"十三五"期间,松花江干流哈尔滨段 8 个断面共监测到着生藻类 3 门 47 属。其中蓝藻门 5 属,占 10.6%;硅藻门 29 属,占 61.7%;绿藻门 13 属,占 27.7%。着生藻类的种类数在 19 ~ 47 变化,2020 年最多,为 47 属;2016 年最少,为 19 属。"十三五"期间,硅藻在种类和生物密度上都占绝对优势,优势种为指示中污染的硅藻针杆藻和指示轻污染的硅藻直链藻。"十三五"期间,各断面在种类数、生物密度、群落结构等方面无明显变化,绿藻在种类数量略少于硅藻,优势种为指示轻污染的绿藻小环藻、硅藻直链藻和针杆藻。各断面的生物密度与 2016 年相比变化不大。

"十三五"期间,支流呼兰河口内断面着生藻类生物密度多数大于同一年的其他点位,而支流阿什河口内断面着生藻类生物密度与同年其他断面相差不大。2019 年全断面生物密度明显小于之前 4 年生物密度水平。2016—2018 年,阿什河口内和呼兰河口内断面优势种为硅藻针杆藻。2019—2020 年,两个断面的优势种改变为硅藻针杆藻和直链藻。"十三五"期间哈尔滨市水生生物种类组成如图 17 – 1 所示。

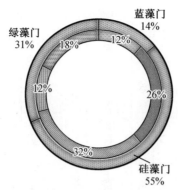

图 17 – 1 "十三五"期间哈尔滨市水生生物种类组成

"十三五"哈尔滨松花江流域底栖动物群落监测统计结果见表 17 – 4,"十三五"底栖动物指数评价结果见表 17 – 5,"十三五"着生藻类指数评价结果见表 17 – 6。

17.2.3　水生生物评价结果

从底栖动物的评价结果看,松花江干流哈尔滨段水质在"十三五"期间逐步好转。哈尔滨江段 8 个断面 13 个点位的水生生物多样性监测结果显示:2016—2019 年水体的生物评价,除了阿什河口下、大顶子山右断面为较差和阿什河口内断面为很差外,其他 5 个断面的10 个点位均为中等和良好。2020 年,只有阿什河口内一个断面为很差,其他的 7 个断面均为中等和良好。

从着生藻类的评价结果看,"十三五"期间,松花江干流哈尔滨段除了阿什河口内、呼兰河口内等个别断面水质被评价为中等,其他断面均为良好。从两条支流口内断面看,支流水质明显劣于干流水质,未来松花江干流哈尔滨段流域是否会全面转好,仍需进一步生物监测及评价来进行推断。

17.3　水生生物变化规律

"十二五"期间,使用 Shannon-Wiener 多样性指数对干流水体进行评价,大部分断面的评价结果为中等和较差,显示水体中种类丰富度较高,多样性较好,分布均匀,群落结构较为稳定,而"十三五"期间使用相同的指数对流域进行水体生物评价得出的结论为大部分的断面为良好,从而得出水体质量在"十二五"至"十三五"十年间是总体向好发展的。

表17-4 "十三五"哈尔滨松花江流域底栖动物群落监测统计结果表

年份	指标	牡丹江口下左	牡丹江口下右	朱顺屯左	朱顺屯右	阿什河口下左	阿什河口下右	阿什河口内	呼兰河口下左	呼兰河口下右	呼兰河口内	大顶子山左	大顶子山右	摆渡镇
2016 年均值	种类数(种)	11	11	16	15	17	15	6	16	14	14	16	12	11
	生物密度(个/笼)	37.5	22	75.5	51.5	33	30	70.5	30	38.5	22	60.5	30.5	10.5
	优势种	小蜉属	扁蜉属	纹石蚕科	多距石蚕科	圆田螺属	摇蚊科	摇蚊科	圆田螺属	圆田螺属	摇蚊科	摇蚊科	摇蚊科	摇蚊科
	优势种占总数(%)	48.00	31.82	37.09	35.92	33.33	28.33	88.65	31.67	51.95	27.27	23.97	26.23	19.05
2017 年均值	种类数(种)	11	14	19	18	15	14	8	17	17	13	17	16	13
	生物密度(个/笼)	30.5	31	70	57.5	29.5	33.5	77	31	32	23	52.5	48	19
	优势种	小蜉属	小蜉属	纹石蚕科	摇蚊科,多距石蚕科	圆田螺属	摇蚊科	摇蚊科	圆田螺属	纹石蚕科	摇蚊科	摇蚊科	摇蚊科	摇蚊科
	优势种占总数(%)	40.98	32.26	31.43	31.30	30.51	40.30	87.01	22.58	21.88	26.09	23.81	22.92	26.32
2018 年均值	种类数(种)	14	14	20	18	17	19	9	17	18	16	21	15	15
	生物密度(个/笼)	32.5	36.5	56	50.5	35.5	36.5	60.5	38.5	41	26	52	44.5	27.5
	优势种	小蜉属	小蜉属	纹石蚕科	纹石蚕科	摇蚊科	摇蚊科	摇蚊科	摇蚊科	摇蚊科	摇蚊科	摇蚊科	摇蚊科	摇蚊科
	优势种占总数(%)	35.38	21.92	33.93	16.83	21.13	39.73	82.64	22.08	19.51	32.69	28.85	29.21	29.09
2019 年均值	种类数(种)	13	15	20	20	8	16	14	14	15	18	15	16	17
	生物密度(个/笼)	32	28.5	51	52.5	46.5	39.5	31.5	25.5	37	36.5	49.5	46	25.5
	优势种	小蜉属	小蜉属	纹石蚕科	多距石蚕科	摇蚊科	摇蚊科	摇蚊科	摇蚊科	纹石蚕科	纹石蚕科	摇蚊科	摇蚊科	摇蚊科
	优势种占总数(%)	32.81	26.32	27.45	24.76	64.52	32.91	33.33	31.37	13.51	23.29	25.25	26.09	17.65

表 17 - 4（续）

年份	指标	牡丹江口下左	牡丹江口下右	朱顺屯左	朱顺屯右	阿什河口下左	阿什河口下右	阿什河口内	呼兰河口下左	呼兰河口下右	呼兰河口内	大顶子山左	大顶子山右	摆渡镇
2020 年均值	种类数（种）	—	13	13	9	14	9	10	16	15	15	8	13	11
	生物密度（个/笼）	—	22.5	41.5	30	42	35.5	34	42	32	31.5	28	43.5	58
	优势种	—	毛头纹石蛾	低头石蛾	东北田螺	德永雕翅摇蚊	宽身舌蛭	德永雕翅摇蚊	毛头纹石蛾	低头石蛾	纹沼螺	东北田螺	低头石蛾	低头石蛾
	优势种占总数（%）	—	20.00	34.94	36.67	21.43	25.35	42.65	20.24	17.19	17.46	39.29	31.03	37.07

表 17－5 "十三五"底栖动物指数评价结果

年份	指标	牡丹江口下左	牡丹江口下右	朱顺屯左	朱顺屯右	阿什河口下左	阿什河口下右	阿什河口内	呼兰河口下左	呼兰河口下右	呼兰河口内	大顶子山左	大顶子山右	摆渡镇
2016年	FBI指数	3.93	3.93	4.91	5.33	5.59	6.00	7.72	5.60	5.55	5.59	5.60	6.28	5.43
	评价结果	良好	良好	良好	中等	中等	较差	很差	中等	中等	中等	中等	较差	中等
2017年	FBI指数	4.00	4.05	4.84	5.14	5.46	6.07	7.65	4.71	5.02	5.07	5.17	5.93	5.55
	评价结果	良好	良好	良好	中等	中等	较差	很差	良好	中等	中等	中等	较差	中等
2018年	FBI指数	4.08	4.33	4.47	5.18	5.13	6.11	7.55	5.44	5.00	5.17	5.25	5.70	5.20
	评价结果	良好	良好	良好	中等	中等	较差	很差	中等	良好	中等	中等	中等	中等
2019年	FBI指数	4.14	3.84	4.69	4.74	7.18	5.00	5.69	5.21	4.88	5.19	4.94	5.78	5.13
	评价结果	良好	良好	良好	良好	较差	良好	中等	中等	良好	中等	良好	较差	中等
2020年	FBI指数	—	5.47	4.81	4.58	5.65	4.23	7.53	4.42	4.30	5.10	5.23	5.26	5.12
	评价结果	—	中等	良好	良好	中等	良好	很差	良好	良好	中等	中等	中等	中等

表 17-6 "十三五"着生藻类指数评价结果

年份	指标	牡丹江口下左	牡丹江口下右	朱顺屯左	朱顺屯右	阿什河口下左	阿什河口下右	阿什河口内	呼兰河口下左	呼兰河口下右	呼兰河口内	大顶子山左	大顶子山右	摆渡镇
2016年	S-W指数	2.19	2.19	2.23	2.20	2.40	2.29	2.32	2.29	2.08	2.24	2.25	2.25	2.18
	评价结果	良好	良好	良好	良好	良好	良好	良好	良好	良好	良好	良好	良好	良好
2017年	S-W指数	2.22	2.23	2.23	2.26	2.27	2.35	2.24	2.30	2.10	2.33	2.24	2.18	2.23
	评价结果	良好	良好	良好	良好	良好	良好	良好	良好	良好	良好	良好	良好	良好
2018年	S-W指数	2.24	2.05	2.07	2.33	2.22	2.33	1.99	2.21	2.08	2.09	2.28	2.05	2.07
	评价结果	良好	良好	良好	良好	良好	良好	中等	良好	良好	良好	良好	良好	良好
2019年	S-W指数	1.61	1.46	2.21	2.22	2.26	2.34	1.43	2.26	1.54	1.57	2.27	1.59	1.42
	评价结果	中等	中等	良好	良好	良好	良好	中等	良好	中等	中等	良好	中等	中等
2020年	S-W指数	—	2.58	2.86	2.75	2.47	2.78	2.80	2.76	2.57	2.31	3.04	2.21	2.00
	评价结果	—	良好	良好	良好	良好	良好	良好	良好	良好	良好	优秀	良好	中等

17.4 本 章 小 结

松花江干流哈尔滨段水质的生物学评价结果与化学评价结果基本相符,2016—2020 年的生物学评价结果反映出松花江干流哈尔滨段水质呈逐渐好转趋势。

第18章 水环境承载力评价

18.1 任务背景及意义

水环境承载力作为区域水环境安全的一个基本度量,是服务和助推生态文明建设的重要方面。因此,开展松花江流域水环境承载力评价,科学评价水环境承载力对科学有效管理松花江流域水环境,改善水环境保护措施,促进哈尔滨市经济发展战略实施和产业结构调整具有重要意义。

18.2 评价方法及点位选取

按照中华人民共和国生态环境部编制的《水环境承载力评价方法(试行)》,开展水环境承载力现状评价工作。目前已对哈尔滨市共13个国控点位和15个省控点位水环境承载力现状进行评价,同时判定环境承载状态,识别水环境污染的重点区域和时段,为进一步加强区域水污染防治工作、建立水环境承载力监测预警长效机制提供服务和指导。

按照《水环境承载力评价方法(试行)》的要求,选取哈尔滨市各个行政范围内的国控点位、省控点位共计28个点位进行水环境承载力评价。评价区域满足至少每季度监测一次所有点位的要求,参与水环境承载力评价的水质指标为《地表水环境质量标准》(GB 3838—2002)中除水温、粪大肠菌群和总氮以外的21项指标,包括pH、溶解氧、高锰酸盐指数、生化需氧量、氨氮、石油类、挥发酚、汞、铅、总磷、化学需氧量、铜、锌、氟化物、硒、砷、镉、铬(六价)、氰化物、阴离子表面活性剂和硫化物。

水环境承载力评价指标体系包括水质时间达标率和水质空间达标率两个评价指标,反映评价区域内水质在时间和空间尺度上的达标情况。水质达标情况参照《地表水环境质量标准》(GB 3838—2002)和《地表水环境质量评价办法(试行)》(环办〔2011〕22号)中的单因子评价法进行评价。参评点位水质目标以评价年水质考核目标为准,其中,国控点位水质目标以生态环境部与各省(区、市)人民政府签订的《水污染防治目标责任书》中评价年水质考核目标为准,省控和市控点位水质目标以当地生态环境主管部门所规定的评价年考核目标为准,其他未明确规定的点位水质目标参照受其影响最近的国控、省控或市控点位水质目标执行。

18.3 水环境承载力评价

18.3.1 水质现状

2020年参与水环境承载力评价的28个国控和省控水质点位中达到水质目标的点位比例为75%;未达到水质目标的点位比例为25%,松花江干流牡丹江口上、牡丹江口下,阿什河西泉眼水库出口,蜚克图河巨源镇、少陵河姜家店,木兰达河口内,蚂蚁河凌河点位未达水质目标,其中巨源镇点位水质劣于V类。

3个水质目标为Ⅱ类标准的点位中,西泉眼水库出口、亚布力点位2020年水质不达标。18个水质目标为Ⅲ类标准的点位中,巨源镇、姜家店、凌河、牡丹江口上、牡丹江口下、木兰达河口内点位2020年水质不达标。6个水质目标为Ⅳ类标准的点位2020年水质全部达标。阿什河口内点位水质目标为V类标准,2020年水质为Ⅳ类,水质达标。2020年28个点位水质情况表见表18 – 1。

表18 – 1 2020年28个点位水质情况表

序号	点位名称	考核地区	2020年水质目标	2020年水质现状
1	朱顺屯	双城区、道里区、松北区、南岗区	Ⅲ	Ⅲ
2	阿什河口下	道外区、道里区、松北区、南岗区、呼兰区	Ⅳ	Ⅳ
3	呼兰河口下	松北区、呼兰区、道外区	Ⅳ	Ⅳ
4	大顶子山	道里区、南岗区、道外区、平房区、松北区、香坊区、呼兰区	Ⅲ	Ⅲ
5	摆渡镇	巴彦县、宾县、木兰县	Ⅲ	Ⅲ
6	牡丹江口上	方正县、通河县、依兰县	Ⅲ	Ⅳ
7	牡丹江口下	依兰县	Ⅲ	Ⅳ
8	宏克利	依兰县(哈市出境)	Ⅲ	Ⅲ
9	佳木斯上	依兰(哈市出境)、方正、通河	Ⅲ	Ⅲ
10	磨盘山水库出口	五常市	Ⅲ	Ⅲ
11	兴盛乡	五常市	Ⅲ	Ⅲ
12	苗家	双城区	Ⅳ	Ⅲ
13	双河十二组	尚志市	Ⅱ	Ⅱ
14	西泉眼水库出口	阿城区	Ⅱ	Ⅱ
15	阿什河口内	阿城区、香坊区、道外区	V	Ⅳ
16	榆林镇鞍山屯	呼兰区	Ⅳ	Ⅲ
17	呼兰河口内	呼兰区、松北区	Ⅳ	Ⅳ
18	巨源镇	宾县、道外区、阿城区	Ⅲ	劣V

表 18 - 1（续）

序号	点位名称	考核地区	2020 年水质目标	2020 年水质现状
19	姜家店	木兰县、巴彦县	III	IV
20	木兰达河口内	木兰县	III	IV
21	白杨木桥	木兰县	III	III
22	亚布力	尚志市	II	III
23	凌河	延寿县	III	IV
24	蚂蚁河口内	方正县、尚志市、延寿县	III	III
25	岔林河口内	通河县	III	III
26	牡丹江口内	依兰县	III	III
27	倭肯河口内	依兰县	IV	III
28	巴兰河口内	依兰县	III	III

18.3.2 水环境承载力现状

2020 年哈尔滨 18 个行政区中 8 个区域为超载状态，占全部评价区域的 44.4%；3 个区域为临界超载状态，占 16.7%；7 个区域为未超载状态，占 38.9%。哈尔滨市超载点位主要集中在少陵河、蚩克图河、蚂蚁河。2020 年哈尔滨市水环境承载力评价结果见表 18 - 2。

表 18 - 2 2020 年哈尔滨市水环境承载力评价结果

序号	区域	水质时间达标率 $A1$/%	水质空间达标率 $A2$/%	水环境承载力指数 R_C/%	承载状态
1	阿城区	27.8	33.3	30.6	超载
2	宾县	37.5	50.0	43.8	超载
3	延寿县	45.8	50.0	47.9	超载
4	木兰县	45.9	50.0	48.0	超载
5	巴彦县	47.5	50.0	48.8	超载
6	尚志市	61.5	66.7	64.1	超载
7	方正县	64.8	66.7	65.7	超载
8	通河县	67.6	66.7	67.1	超载
9	依兰县	73.1	71.4	72.3	临界超载
10	道外区	73.3	80.0	76.7	临界超载
11	双城区	62.5	100	81.2	临界超载
12	道里区	80.6	100	90.3	未超载
13	南岗区	80.6	100	90.3	未超载
14	松北区	81.7	100	90.8	未超载

表 18 - 2(续)

序号	区域	水质时间达标率 A1/%	水质空间达标率 A2/%	水环境承载力指数 R$_c$/%	承载状态
15	香坊区	83.3	100	91.7	未超载
16	平房区	83.3	100	91.7	未超载
17	五常市	83.3	100	91.7	未超载
18	呼兰区	90.0	100	95.0	未超载
19	市本级(九区)	65.8	80	72.9	临界超载

注:1. 评价结果包括市本级和行政区域内县级行政单元。

2. 承载状态:填写"超载""临界超载""未超载",当 Rc < 70% 时,为超载状态;当 70% ≤ Rc < 90% 时,为临界超载状态;当 Rc≥90% 时,为未超载状态。

18 个行政区中有 8 个区县的水质空间达标率为 100%。其中道里区、南岗区、香坊区、平房区、呼兰区、松北区、五常市、水环境承载状态为未超载状态;双城区、道外区、依兰县水环境承载状态为临界超载状态。

18.4 水环境承载力变化情况

与 2019 年相比,2020 年哈尔滨市各行政区域中超载状态增加 2 个区域,分别是通河县和方正县;临界超载状态减少 3 个区域;未超载状态增加 1 个区域。

阿城区、巴彦县、宾县、尚志市、木兰县、道外区、香坊区、平房区、五常市、道里区、南岗区、呼兰区 2020 年水质时间达标率较 2019 年有不同程度的升高,尚志市 2020 年水质空间达标率较 2019 年有所升高。延寿县、依兰县、通河县、双城区、方正县、松北区 2020 年水质时间达标率较 2019 年有所下降,同时依兰县、通河县、方正县、木兰县 2020 年水质空间达标率也有下降。

尚志市水质时间达标率同比升高 26.3 个百分点,水质空间达标率同比升高 33.4 个百分点,水环境承载力指数同比升高 29.8 个百分点。

香坊区水质时间达标率同比升高 15.2 个百分点,水质空间达标率同比持平,水环境承载力指数同比升高 7.7 个百分点,水环境承载力状态由临界超载提升为未超载状态。

巴彦县水质时间达标率同比升高 18.3 个百分点,水质空间达标率同比持平,水环境承载力指数同比升高 9.2 个百分点。

平房区水质时间达标率同比升高 5.5 个百分点,水质空间达标率同比持平,水环境承载力指数同比升高 2.8 个百分点,水环境承载力状态由临界超载提升为未超载状态。

双城区水质时间达标率同比下降 19.3 个百分点,水质空间达标率同比持平,水环境承载力指数同比下降 9.7 个百分点,水环境承载力状态由未超载下降为临界超载状态。

方正县水质时间达标率同比下降 18.3 个百分点,水质空间达标率同比下降 33.3 个百分点,水环境承载力指数同比下降 25.8 个百分点,水环境承载力状态由未超载下降为超载状态。水环境承载力降低的主要原因为牡丹江口上点位水质下降一个类别,且不达标。

延寿县水质时间达标率同比下降 13.1 个百分点,水质空间达标率同比持平,水环境承载力指数同比下降 6.5 个百分点。水环境承载力降低的主要原因为凌河点位水质下降,且不达标。

通河县水质时间达标率同比下降 9.5 个百分点,水质空间达标率同比下降 33.3 个百分点,水环境承载力指数同比下降 21.5 个百分点,水环境承载力状态由临界超载下降为超载状态。水环境承载力降低的主要原因为牡丹江口上点位水质下降一个类别,且不达标。

依兰县水质时间达标率同比下降 3.5 个百分点,水质空间达标率同比下降 14.3 个百分点,水环境承载力指数同比下降 8.9 个百分点。水环境承载力下降的主要原因为牡丹江口上点位和牡丹江口下点位水质下降一个类别,且不达标。区、县(市)水质时间、空间达标率统计表见表 18-3,区、县(市)水环境承载力指数表见表 18-4。

表 18-3 区、县(市)水质时间、空间达标率统计表

区域	2019 年水质时间达标率 A1/%	2020 年水质时间达标率 A1/%	2019 年水质空间达标率 A2/%	2020 年水质空间达标率 A2/%
阿城区	19.4	27.8	33.3	33.3
尚志市	35.2	61.5	33.3	66.7
巴彦县	29.2	47.5	50.0	50.0
宾 县	29.2	37.5	50.0	50.0
延寿县	58.9	45.8	50.0	50.0
木兰县	40.9	45.9	75.0	50.0
道外区	67.2	73.3	80.0	80.0
依兰县	76.6	73.1	85.7	71.4
香坊区	68.1	83.3	100	100
通河县	77.1	67.6	100	66.7
平房区	77.8	83.3	100	100
五常市	79.2	83.3	100	100
道里区	80.5	80.6	100	100
南岗区	80.5	80.6	100	100
双城区	81.8	62.5	100	100
松北区	82.3	81.7	100	100
方正县	83.1	64.8	100	66.7
呼兰区	89.6	90.0	100	100
市本级(九区)	66.9	65.8	80.0	80.0

表18-4　区、县(市)水环境承载力指数表

区域	2019年水环境承载力指数 R_C/%	2020年水环境承载力指数 R_C/%	2019年承载状态	2020年承载状态
阿城区	26.4	30.6	超载	超载
尚志市	34.3	64.1	超载	超载
巴彦县	39.6	48.8	超载	超载
宾　县	39.6	43.8	超载	超载
延寿县	54.4	47.9	超载	超载
木兰县	58.0	48.0	超载	超载
道外区	73.6	76.7	临界超载	临界超载
依兰县	81.2	72.3	临界超载	临界超载
香坊区	84.0	91.7	临界超载	未超载
通河县	88.6	67.1	临界超载	超载
平房区	88.9	91.7	临界超载	未超载
五常市	89.6	91.7	临界超载	未超载
道里区	90.2	90.3	未超载	未超载
南岗区	90.2	90.3	未超载	未超载
双城区	90.9	81.2	未超载	临界超载
松北区	91.1	90.8	未超载	未超载
方正县	91.5	65.7	未超载	超载
呼兰区	94.8	95.0	未超载	未超载
市本级(九区)	73.5	72.9	临界超载	临界超载

18.5　水环境承载力变化原因分析

通过对比可以看出2020年水环境承载状态为未超载区域与超载区域均有增加,临界超载状态的区域大幅度降低。主要原因为西泉眼水库出口点位、巨源镇点位水质时间达标率为0,且年均水质不达标。姜家店点位、凌河点位、亚布力点位、牡丹江口上点位、牡丹江口下、木兰达河口内点位水质时间达标率小于45%,且年均水质不达标。这些点位水质不达标直接影响了所对应的考核地的水环境承载力指数,主要受牡丹江口上点位影响,方正县水环境承载状态由2019年的未超载降低为超载,通河县水环境承载状态由2019年的临界超载降低为超载。受朱顺屯、苗家点位影响,双城区水环境承载状态由2019年的未超载降低为临界超载。由于大顶子山点位与阿什河口内点位水质提升,香坊区水环境承载力状态由临界超载提升为未超载状态。由于大顶子山点位水质提升,平房区水环境承载力状态由临界超载提升为未超载状态。由于磨盘山水库出口点位水质提升,五常市水环境承载力状态由临界超载提升为未超载状态。

少陵河、蜚克图河、蚂蚁河的下游地区存在背景值较高的问题,在没有污染物进入的情况下水质依然有不达标的风险。另外,黑龙江省为农业大省,汛期农田灌溉退水进入河道也降低了水功能区的水质达标率。

18.6　本　章　小　结

2020 年,哈尔滨 18 个行政区中 8 个区、县为超载状态,占全部评价区域的 44.4%;3 个区、县为临界超载状态,占 16.7%;7 个区、县为未超载状态,占 38.9%。哈尔滨市超载点位主要集中在少陵河、蜚克图河、蚂蚁河。

第 5 篇　结　　论

第 19 章　环境质量变化预测

本章采取时间序列分析中的灰色预测模型,以及其他常见模型对环境空气质量、地表水环境质量中典型河流、声环境质量和土壤环境质量等重要指标进行预测,为"十四五"期间改善生态环境和相关环境政策的制定提供有力的数据支撑。

19.1　预测模型简介

时间序列是按照时间的顺序记录的一列有序数据,可对时间序列进行观察、研究,寻找变化发展的规律,并预测未来的走势。在日常生产、生活中,时间序列常用在国民经济宏观控制、市场潜量预测、天文学、气象预报、水文预报、环境污染控制、生态平衡等方面。

灰色预测系统是指部分信息已知,而另一部分未知,通过对原始数据的处理和灰色模型的建立、挖掘、发现、掌握系统演化规律,对系统的未来状态做出科学的定量预测的一类系统。该系统主要用于数据量少且数据不具有较强规律性的问题当中。

19.1.1　ARIMA 模型

具有如下结构的模型称为求和自回归移动平均模型,简记为 ARIMA(p,d,q)模型:

$$\begin{cases} \Phi(B)\nabla^d x_t = \Theta(B)\varepsilon_t \\ E(\varepsilon_t) = 0, Var(\varepsilon_t) = \sigma_\varepsilon^2, E(\varepsilon_t\varepsilon_s) = 0, s \neq t \\ Ex_s\varepsilon_t = 0, \forall s < t \end{cases}$$

式中,$\nabla^d = (1 - B)^d$;$\Phi(B) = 1 - \varphi_1 B - \cdots - \varphi_p B^p$ 为平稳可逆 ARMA(p,q)模型的自回归系数多项式;$\Theta(B) = 1 - \theta_1 B - \cdots - \theta_q B^q$,为平稳可逆 ARMA(p,q)模型的移动平滑系数多项式。

19.1.2　简单季节模型

简单季节模型是指序列中的季节效应和其他效应之间是加法关系,即 $x_t = s_t + T_t + I_t$。所以有如下结构的模型称为简单季节模型:

$$\begin{cases} \nabla_D \nabla^d x_t = \dfrac{\Theta(B)}{\Phi(B)}\varepsilon_t \\ E(\varepsilon_t) = 0, Var(\varepsilon_t) = \sigma_\varepsilon^2 \end{cases}$$

式中,$\{\varepsilon_t\}$ 为白噪声序列;$\Phi(B) = 1 - \varphi_1 B - \cdots - \varphi_p B^p$ 为 p 阶自回归系数多项式;$\Theta(B) = 1 - \theta_1 B - \cdots - \theta_q B^q$ 为 q 阶移动平均系数多项式;D 为周期步长;d 为提取趋势信息所用的差分阶数。

19.1.3 温特斯线性和季节指数平滑预测模型

温特斯线性和季节指数平滑预测模型是一种将时间序列因素分解和指数平滑结合起来的季节预测方法,适用于兼有线性趋势和季节变动的时间序列预测。具有如下结构的模型称为温特斯 $\overline{Y} = a + bX$ 线性和季节指数平滑预测模型:

$$\begin{cases} F_{t+m} = (S_t + b_t m) I_{t-L+m} \\ S_t = \alpha \dfrac{Y_t}{I_{t-L}} + (1-\alpha)(S_{t-1} + b_{t-1})(0 < \alpha < 1) \\ b_t = \gamma(S_t - S_{t-1}) + (1-\gamma) b_{t-1}(0 < \gamma < 1) \\ I_t = \beta \dfrac{Y_t}{S_t} + (1-\beta) I_{t-L}(0 < \beta < 1) \end{cases}$$

式中包括时序的三种成分:平稳性 S_t,趋势性或倾向性 b_t,季节性 I_t。L 为季节长度(月或季),I 为季节调整因子。

19.1.4 灰色 GM(1,1) 模型

设时间序列 $X^{(0)} = \{X^{(0)}(1), X^{(0)}(2), \cdots, X^{(0)}(n)\}$ 有 n 个观察值,通过累加生成新序列 $X^{(1)} = \{X^{(1)}(1), X^{(1)}(2), \cdots, X^{(1)}(n)\}$,则 GM(1,1) 模型相应的微分方程为 $dX^{(1)}/dt + aX^{(1)} = \mu$,其中 a 称为发展灰数,μ 称为内生控制灰数。设 $\overline{a}$ 为待估参数向量,$\overline{a} = (a/\mu)$,可利用最小二乘法求解得到预测模型:$\overline{X}^{(1)}(k+1) = [X_{(0)}(1) - \mu/a] e^{-ak} + \mu/a, k = 0, 1, 2, \cdots, n$

19.2 统计分析软件简介

SPSS 与 SAS、SYSTAT 被公认为世界三大数据分析软件。SPSS 是世界上最早的统计分析软件,20 世纪 60 年代末由三位美国斯坦福大学的研究生开发,同时成立了 SPSS 公司。迄今,SPSS 软件已有六十多年的成长历史,全球 500 强中约有 80% 的公司使用 SPSS,遍布于通信、医疗、银行、证券、环境预测等领域。SPSS 统计分析过程包括描述性统计、均值比较、一般线性模型、相关分析、回归分析、聚类分析、时间序列分析等几大类。

灰色系统建模软件由刘斌应用 Visual Basic 6.0 基于 Windows 视窗界面开发,该软件一经问世就得到灰界专家的广泛好评,是灰色系统建模的首选软件。该软件包含灰色关联分析、灰色聚类分析、灰色预测模型等几大类。

本章将采用 SPSS 26.0 版本及灰色建模软件 V6.0 版本对数据进行统计分析。

19.3　模型拟合优度

表达时间序列模型拟合效果的好坏可以使用拟合优度 R^2。R^2 可以衡量模型的整体拟合度,用于表达因变量与所有自变量之间的总体关系,等于回归平方和在总平方和中所占的比率。R^2 的范围为 0 到 1,R^2 越接近于 1,说明拟合效果越好,统计学上一般认为大于 0.7 即拟合度较好。

表达灰色预测模型拟合效果的好坏可以使用平均相对误差,平均相对误差越小,模型拟合度越高,一般认为精度在 10% 以内模型拟合度较好。灰色预测模型拟合效果等级划分标准见表 19 - 1。

表 19 - 1　灰色预测模型拟合效果等级划分标准

精度等级	平均相对误差(MRE)
一级	0 ≤ MRE < 5%
二级	5% ≤ MRE < 10%
三级	10% ≤ MRE < 15%
四级	15% ≤ MRE < 20%
四级以下	MRE ≥ 20%

19.4　预　测　结　果

19.4.1　环境空气质量预测

19.4.1.1　环境空气质量六项污染物浓度趋势年度预测

基于 2016—2020 年环境空气质量六项污染物年度数据,利用灰色 GM(1,1)模型对 2021—2025 年环境空气质量六项污染物变化趋势进行预测,从预测结果上看,六项污染物浓度与预测模型的平均相对误差均在 10% 左右,达到二级精度,说明模型拟合效果较好。其中细颗粒物除 2021 年外,其他五项污染物浓度未来 5 年将继续稳定达到国家二级标准,并且呈现缓慢下降趋势;一氧化碳年均浓度保持稳定;臭氧年均浓度呈现缓慢上升趋势。与 2020 年相比,2021 年细颗粒物浓度下降 24.1%,可吸入颗粒物浓度下降 16.8%,二氧化氮浓度下降 10.3%,二氧化硫浓度下降 41.8%,一氧化碳浓度下降 2.1%,臭氧浓度上升 7.4%;与 2020 年相比,2025 年细颗粒物浓度下降 49.1%,可吸入颗粒物浓度下降 44.5%,二氧化氮浓度下降 37.2%,二氧化硫浓度下降 77.8%,一氧化碳浓度下降 16.4%,臭氧浓度上升 1.9%。"十四五"环境空气质量六项污染物年度预测结果见表 19 - 2。

表 19 - 2 "十四五"环境空气质量六项污染物年度预测结果 单位:μg/m³

年份	$PM_{2.5}$	PM_{10}	NO_2	SO_2	CO(per95)/(mg·m⁻³)	O_3(per90)
2021 年	35.67	53.22	28.71	9.90	1.37	129.96
2022 年	32.28	48.09	26.26	7.78	1.32	133.17
2023 年	29.22	43.46	24.01	6.12	1.27	136.46
2024 年	26.45	39.27	21.96	4.81	1.22	139.83
2025 年	23.94	35.49	20.09	3.78	1.17	143.29
平均相对误差	10.10%	7.81%	3.76%	9.99%	10.07%	7.67%
趋势	下降	下降	下降	下降	平稳	上升

19.4.1.2 环境空气质量优良天数年度预测

基于 2016—2020 年环境空气质量优良天数年度数据,利用灰色 GM(1,1)模型对 2021—2025 年环境空气质量优良天数变化趋势进行预测,从预测结果上看,优良天数与预测模型的平均相对误差为 3%,说明模型拟合效果较好。与 2020 年相比,2021 年优良天数为 317 天,同比增长 4.6%,预计在"十四五"期间,环境空气优良天数比例持续提升,到 2025 年优良天数比例可达 96.1%。环境空气优良天数变化趋势年度预测情况如图 19 - 1 所示。

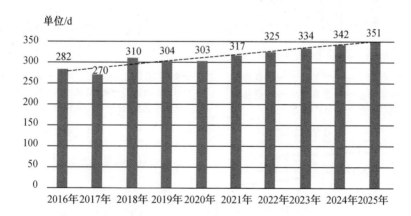

图 19 - 1 环境空气优良天数变化趋势年度预测情况

19.4.2 地表水环境质量预测

选取"十三五"期间污染相对较重和不稳定达标的 6 条典型河流,同时鉴于哈尔滨市全年水资源量分布不均的特点,分别对 6 条河流丰水期和枯水期两个水期的水质进行预测,选取主要超标指标溶解氧、高锰酸盐指数、化学需氧量、生化需氧量、氨氮和总磷 6 项指标进行地表水趋势预测。

19.4.2.1 主要河流丰水期超标指标趋势预测

基于2016—2020年主要河流丰水期月均值数据,利用灰色GM(1,1)模型对2021—2025年主要超标指标变化趋势进行预测。从2021—2025年丰水期预测结果上看,阿什河水质预计稳定在Ⅳ类标准,六项污染物均呈现好转趋势,溶解氧、高锰酸盐指数、氨氮指标预计稳定达到Ⅲ类标准,总磷指标预计稳定在Ⅳ类标准,化学需氧量和生化需氧量预计在Ⅲ-Ⅳ类标准;呼兰河水质预计变差劣于Ⅴ类标准,溶解氧和生化需氧量有好转趋势,氨氮和化学需氧量保持稳定,高锰酸盐指数和总磷有变差趋势;倭肯河水质预计稳定在Ⅲ类标准,高锰酸盐指数、化学需氧量、生化需氧量呈现好转趋势,溶解氧、氨氮、总磷保持稳定;少陵河水质预计稳定在Ⅳ类标准,六项污染物均呈现好转趋势,溶解氧、氨氮、总磷预计稳定达到Ⅲ类标准,高锰酸盐指数、化学需氧量、生化需氧量指标预计在Ⅲ-Ⅳ类标准;蚂克图河水质预计稳定在Ⅳ类标准,六项污染物均呈现好转趋势,溶解氧、高锰酸盐指数、氨氮预计稳定达到Ⅲ类标准,化学需氧量、生化需氧量、总磷在Ⅲ-Ⅳ类标准;拉林河水质预计稳定在Ⅳ类标准,溶解氧、氨氮、总磷保持稳定,高锰酸盐指数、生化需氧量预计呈现下降趋势,化学需氧量呈现上升趋势。典型河流丰水期主要指标预测情况如图19-2所示。

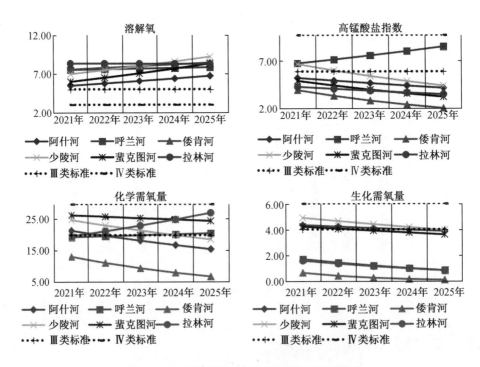

图19-2 典型河流丰水期主要指标预测情况

注:单位为mg/L。

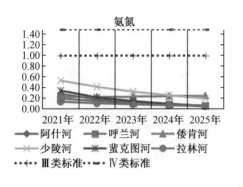
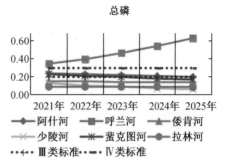

图 19-2（续）

19.4.2.2　主要河流枯水期超标指标趋势预测

基于 2016—2020 年主要河流枯水期月均值数据,利用灰色 GM(1,1) 模型对 2021—2025 年主要超标指标变化趋势进行预测。从 2021—2025 年枯水期预测结果上看,阿什河水质预计在Ⅳ-劣Ⅴ类标准,除化学需氧量预计持续升高外,其他五项污染物均呈现缓慢好转趋势;呼兰河水质预计稳定在Ⅳ类标准,六项污染物均呈现缓慢好转趋势,氨氮指标预计稳定在Ⅳ类标准,其他指标稳定在Ⅲ类标准;倭肯河水质预计劣于Ⅴ类标准,主要由氨氮指标引起,其他指标稳定在Ⅲ类标准且呈缓慢好转趋势;少陵河水质预计劣于Ⅴ类标准,主要由氨氮指标引起,生化需氧量有缓慢上升趋势,其他指标稳定在Ⅲ类标准且呈缓慢好转趋势;蜚克图河水质预计劣于Ⅴ类标准,主要由总磷指标引起,高锰酸盐指数、化学需氧量、氨氮指标有缓慢上升趋势,溶解氧、生化需氧量、总磷指标呈缓慢好转趋势;拉林河水质预计在Ⅲ-Ⅳ类标准,总磷呈缓慢上升趋势,其他指标预计呈现缓慢下降趋势。典型河流枯水期主要指标预测情况如图 19-3 所示。

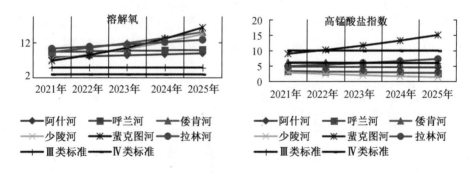

图 19-3　典型河流枯水期主要指标预测情况

注:单位为 mg/L。

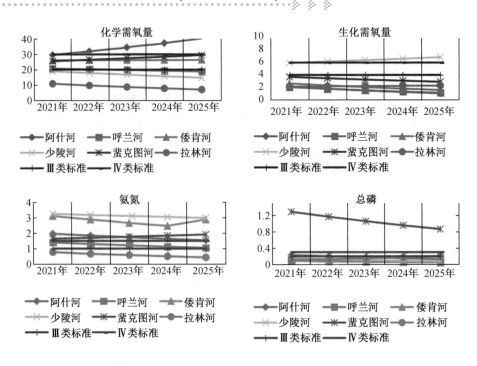

图 19-3(续)

19.4.3 声环境质量预测

19.4.3.1 道路交通声环境预测

基于 2014—2020 年道路交通声环境平均等效声级数据,利用灰色 GM(1,1)模型对 2021—2025 年道路交通声环境质量进行预测。结果表明,预测模型的平均相对误差为 0.9%,说明模型拟合效果较好。2021 年道路等效声级面积平均值为 70.6 dB(A),超过国家标准(70 dB(A))0.008 倍,与 2020 年相比下降 0.5%,预计在"十四五"期间,道路交通噪声等效声级平均值呈现缓慢下降趋势。道路交通声环境变化趋势预测情况如图 19-4 所示。

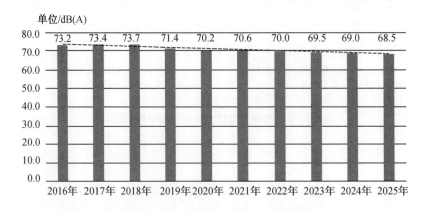

图 19-4 道路交通声环境变化趋势预测情况

19.4.3.2 区域声环境预测

基于 2014—2020 年区域声环境平均等效声级值数据,利用灰色 GM(1,1)模型对 2021—2025 年区域声环境质量进行预测。结果表明,预测模型的平均相对误差为 1%,说明模型拟合效果较好。2021 年区域噪声平均等效声级为 59.1 dB(A),与 2020 年相比上升 1.9%,预计在"十四五"期间,区域噪声平均等效声级趋于平稳,稳定在 59 dB(A)上下。区域声环境变化趋势预测情况如图 19 – 5 所示。

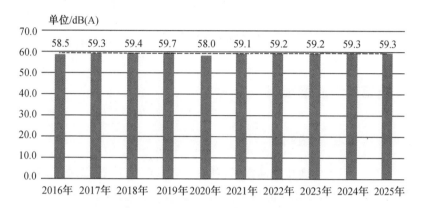

图 19 – 5 区域声环境变化趋势预测情况

19.4.3.3 城市功能区声环境预测

基于 2015—2020 年城市 1~4 类功能区声环境平均等效声级数据,利用灰色 GM(1,1)模型对 2021—2025 年功能区声环境质量进行预测。结果表明,预测模型的平均相对误差均控制在 3% 以下,说明模型拟合效果较好。其中 4 类功能区(昼夜间)未来五年的变化趋势均趋于平稳。功能区昼间声环境变化趋势预测情况如图 19 – 6 所示,功能区夜间声环境变化趋势预测情况如图 19 – 7 所示。

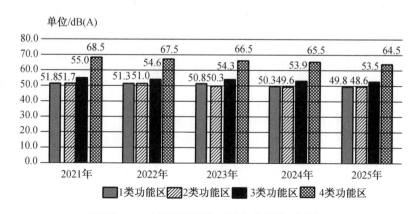

图 19 – 6 功能区昼间声环境变化趋势预测情况

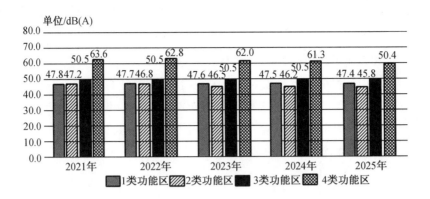

图19 -7 功能区夜间声环境变化趋势预测情况

19.4.4 土壤环境质量预测

19.4.4.1 理化指标预测

基于2014—2020年土壤理化指标数据,利用灰色GM(1,1)模型对2021—2025年土壤数据进行预测。预测结果表明pH值为4.51~7.23,有机质含量为43.61~50.72 g/kg,阳离子交换量为7.68~16.42 cmol/kg。"十四五"土壤理化指标预测结果见表19 -3。

表19 -3 "十四五"土壤理化指标预测结果

年度	pH 值	有机质/$(g \cdot kg^{-1})$	阳离子交换量/$(cmol \cdot kg^{-1})$
2021 年	6.50	43.61	16.42
2022 年	6.67	45.29	13.58
2023 年	6.86	47.03	11.23
2024 年	7.04	48.84	9.29
2025 年	7.23	50.72	7.68
平均相对误差	3.66%	12.77%	7.89%

19.4.4.2 无机指标预测

基于2014—2020年土壤无机指标数据,利用灰色GM(1,1)模型对2021—2025年土壤数据进行预测。预测结果表明镉元素和砷元素含量保持平稳;汞元素、铬元素和锌元素呈现缓慢上升趋势;砷元素、铜元素、铅元素和镍元素呈现缓慢下降趋势,八大指标均低于风险筛选值。"十四五"土壤无机指标预测结果见表19 -4。

表 19 - 4　"十四五"土壤无机指标预测结果

年度	镉	汞	砷	铜	铅	铬	锌	镍
2021 年	0.12	0.08	10.19	11.94	15.78	65.27	94.01	15.26
2022 年	0.12	0.09	10.16	9.80	13.60	68.35	100.43	13.26
2023 年	0.12	0.12	10.12	8.04	11.73	71.58	107.29	11.53
2024 年	0.13	0.14	10.08	6.60	10.11	74.96	114.62	10.02
2025 年	0.13	0.18	10.04	5.42	8.72	78.49	122.45	8.71
平均相对误差	24.6%	14.1%	9.7%	2.2%	9.4%	8.8%	7.8%	14.4%

19.5　本章小结

　　本章基于过去五年及以上的历史数据对"十四五"期间的各环境要素质量状况进行预测,所用模型拟合效果均较好。"十四五"期间,环境空气质量持续向好,2025 年优良天数比例可达96.1%,细颗粒物2022 年可达到国家二级标准;阿什河、倭肯河、蚂克图河、少陵河在枯水期氨氮、总磷易出现劣于Ⅴ类情况,呼兰河丰水期高锰酸盐指数和总磷易出现劣于Ⅴ类情况;声环境质量持续好转;土壤环境质量保持稳定。

第 20 章　污染源排放预测

基于 2016—2020 年污染源排放年度数据,利用灰色 GM(1,1) 模型对 2021—2025 年废气和废水排放量变化趋势进行预测。

20.1　废气污染物排放预测

根据灰色模型的预测,得出平均相对误差均在 10% 以内,说明拟合效果较好。与 2020 年相比,2021 年二氧化硫总排放量、工业源排放量和生活源排放量均下降 12.5%;氮氧化物总排放量、工业源排放量和生活源排放量分别下降 5.3%、1.5% 和 10.9%;颗粒物总排放量、工业源排放量和生活源排放量分别下降 21.8%、29.1% 和 16.1%;到 2025 年底,预计二氧化硫、氮氧化物和颗粒物排放总量同比下降 48.6%、23.7% 和 70.8%。二氧化硫排放量年度预测情况如图 20－1,氮氧化物排放量年度预测情况如图 20－2,颗粒物排放量年度预测情况如图 20－3 所示。

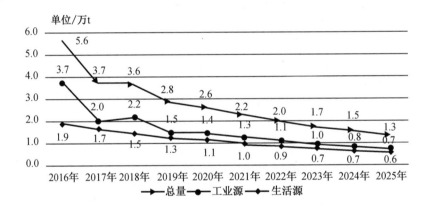

图 20－1　二氧化硫排放量年度预测情况

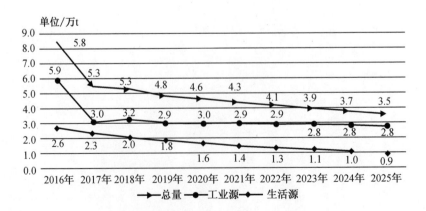

图 20－2　氮氧化物排放量年度预测情况

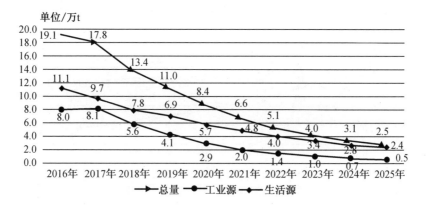

图 20 – 3　颗粒物排放量年度预测情况

20.2　废水污染物排放预测

根据灰色模型的预测,得出平均相对误差均在 7% 以内,说明拟合效果较好。与 2020 年相比,2021 年废水总排放量、工业源排放量和生活源排放量分别下降 1.1%、6.4% 和 0.8%;化学需氧量总排放量、工业源排放量和生活源排放量分别下降 2.2%、11.8% 和 0.9%;氨氮总排放量、工业源排放量和生活源排放量分别下降 1.6%、13.9% 和 0.9%;预计到 2025 年底,废水、化学需氧量和氨氮排放总量同比下降 5.2%、10.4% 和 7.5%。废水排放量年度预测情况如图 20 – 4,化学需氧量排放量年度预测情况如图 20 – 5,氨氮排放量年度预测情况如图 20 – 6 所示。

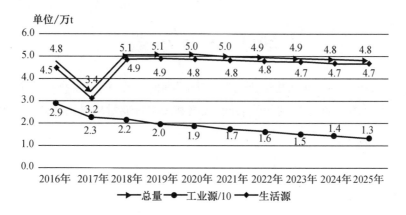

图 20 – 4　废水排放量年度预测情况

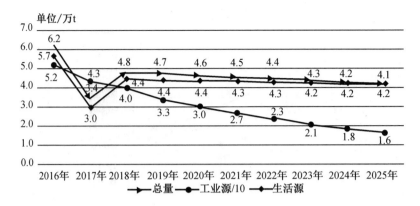

图 20 – 5　化学需氧量排放量年度预测情况

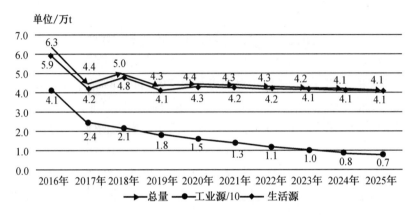

图 20 – 6　氨氮排放量年度预测情况

20.3　本 章 小 结

本章基于 2016—2020 年历史数据对"十四五"期间的废气、废水排放量进行预测,所用模型拟合效果均较好。预计"十四五"期间,废气和废水排放量均呈现缓慢下降趋势。

第21章 结论、经验及对策

21.1 环境质量结论

21.1.1 环境空气质量

21.1.1.1 环境空气质量呈现波动向好趋势

"十三五"期间,哈尔滨市环境空气质量呈现波动向好趋势,较"十二五"期间大幅改善。2018—2020 年环境空气质量优良天数达到 300 d 以上,比例达到 80% 以上。环境空气质量超标天数呈线性下降趋势。2020 年哈尔滨市环境空气质量优良天数 303 d,达标率 82.8%,与 2015 年相比,优良天数增加 76 天,重度及以上污染天数减少 22 天。

21.1.1.2 除细颗粒物,其他指标已稳定达二级标准

"十三五"期间,哈尔滨市环境空气质量六项污染物浓度除臭氧呈小幅波动上升外,其他五项均呈下降趋势。2018 年以后,除细颗粒物外,其他五项均能稳定达到年均值二级标准。2020 年细颗粒物年均浓度 47 $\mu g/m^3$,超年二级标准 0.3 倍,与 2015 年相比,细颗粒物、可吸入颗粒物、二氧化氮、二氧化硫和一氧化碳浓度分别下降 23 $\mu g/m^3$、39 $\mu g/m^3$、19 $\mu g/m^3$、23 $\mu g/m^3$ 和 0.4 mg/m^3;臭氧上升 18 $\mu g/m^3$。

21.1.1.3 臭氧成为仅次于细颗粒物的首要污染物

"十三五"期间,哈尔滨市臭氧第 90 百分位数、超标天数、臭氧作为首要污染物天数、达到良以上级别天数均有升高趋势。2020 年哈尔滨城区有 61 d 首要污染物为臭氧,占全年 29.0%,其中超标 7 d。11 个国控点位中,首要污染物天数最多的为细颗粒物,占比为 41.1% ~ 61.1%;臭氧占比 16.4% ~ 39.6%,仅次于细颗粒物。利用皮尔逊相关系数法和斯皮尔曼相关系数法进行关联分析,得出臭氧浓度和降水量呈现中度正相关,和气温呈现显著正相关,和气压呈现显著负相关。

21.1.2 水环境质量

21.1.2.1 地表水稳中转好,干流水质明显好于支流

"十三五"哈尔滨市地表水国考点位优良比例呈逐渐升高趋势,2020 年 13 个国考点位优良比例 84.6%,与 2016 年相比上升 15.4%。"十三五"期间,哈尔滨市松花江干流水质总

体状况为优,与"十二五"相比无变化,优良点位比例100%;哈尔滨市松花江12条主要一级支流水质总体状况为轻度污染,与"十二五"相比无变化,优良点位比例均为58.3%,干流水质明显好于支流。

21.1.2.2 地表水主要污染物浓度下降幅度较大

"十三五"期间,哈尔滨市松花江干流水质为优,主要监测指标较"十二五"有较大幅度改善,与2015年相比,2020年松花江干流主要监测指标化学需氧量、高锰酸盐指数、氨氮、总磷分别下降2.3%、9.9%、36.0%、20.3%;哈尔滨市松花江12条主要一级支流水质总体状况为轻度污染,主要监测指标较"十二五"有所改善,与2015年相比,2020年松花江12条一级支流主要监测指标化学需氧量、高锰酸盐指数、氨氮、总磷分别下降4.6%、8.4%、14.2%、7.8%。

21.1.2.3 各支流间水质差异较大,部分支流水质不稳定

"十三五"期间,松花江干流哈尔滨段12条主要一级支流中拉林河、木兰达河、白杨木河、蚂蚁河、牡丹江、巴兰河、岔林河7条支流稳定达到Ⅲ类标准和水质目标;阿什河、呼兰河、倭肯河3条支流呈波动转好态势,水质类别为Ⅲ～劣Ⅴ类,多数年份未达水质目标;蜚克图河和少陵河2条支流水质出现下降,其中蜚克图河下降明显,水质类别为Ⅳ～劣Ⅴ类,各年均未达水质目标要求。

21.1.2.4 集中式饮用水水源地

"十三五"期间,哈尔滨市城区集中式饮用水水源地磨盘山水库出口点位水质稳定达到Ⅲ类标准,水量达标率均为100%,综合营养状态指数均为中营养,监测结果范围为39.59～47.39;"十三五"期间,区县(市)城关镇集中式饮用水水源地地表水达标率在2017年大幅提升至73.5%后趋于平稳,一直稳定在65.0%以上,超标指标有氨氮、高锰酸盐指数、生化需氧量、铁和锰。

21.1.3 声环境质量

"十三五"期间,哈尔滨市声环境质量有所下降。区域声环境质量评价等级均为一般,达标率为64.8%～81.5%,昼间区域声环境等效声级平均值基本平稳。昼间道路交通噪声环境质量评价等级由较差转为一般,有明显好转趋势;夜间道路交通声环境质量评价等级为较差。声功能区达标率总体无明显变化。2020年哈尔滨市声环境质量总体较为稳定,较2019年有所好转。区域声环境质量小幅改善,平均等效声级同比下降1.7 dB(A)。道路交通声环境质量有所改善,平均等效声级70.2 dB(A),同比下降1.3 dB(A)。功能区声环境质量保持稳定。

21.1.4 生态环境质量

"十三五"期间,生态环境质量有向好趋势。哈尔滨市生态环境质量指数(EI)呈波动上

升,生物丰度指数逐年上升,污染负荷指数逐年下降;哈尔滨市中东部地区生态环境质量多为"优",西部地区多为"良";与"十二五"期间相比,林地面积显著增加;生态环境质量与人口数具有较强的负相关。

21.1.5 农村环境质量

"十三五"期间,哈尔滨市农村环境质量保持稳定,开展监测的6县(市)环境质量综合状况分级除木兰县外均能稳定达到二级(良)。6县(市)总体处于轻微污染状态,生态环境良好,基本适合农村居民生活和生产。各县(市)农村环境综合指数与人口数量有较强的相关性,个别县(市)与第一产业和第三产业增加值具有一定相关性。

21.1.6 土壤环境质量

"十三五"期间,利用内梅罗污染指数进行评价,哈尔滨市土壤环境质量总体尚清洁。全市重金属污染整体处于较低风险。六六六、滴滴涕和多环芳烃等有机指标污染风险低。2019年55家重点监管企业周边土壤共55个背景点和220个疑似污染区域样品46项合格率99.6%。

21.1.7 辐射环境质量

"十三五"期间,哈尔滨市辐射环境质量总体良好。电离辐射环境质量相关监测结果均在天然放射性本底水平调查的涨落范围内;电磁辐射环境质量相关监测结果均低于《电磁环境控制限值》(GB 8702—2014)中的相关规定。

21.2 污染排放结论

21.2.1 影响环境空气质量的污染源排放

"十三五"期间,哈尔滨市废气(二氧化硫、氮氧化物、颗粒物)三项污染物指标中,颗粒物排放量最多;按污染源类型统计排放量,二氧化硫和氮氧化物的工业源排放量占比较大,颗粒物排放量的生活源排放量占比较大;2016—2020年三项污染物总量整体呈波动下降趋势。

21.2.2 影响水环境质量的污染源排放

"十三五"期间,哈尔滨市废水(化学需氧量、氨氮)两项污染物指标中,化学需氧量排放量最多;按污染源类型统计排放量,生活源排放量占比较大;2016—2020年污染物总量稳中有降。

21.2.3　固体废物

"十三五"期间,工业固体废物产生量、综合利用量和处置量逐年增加;危险废物产生量、综合利用量先增后减。

21.3　"十三五"经验总结

21.3.1　必须坚持从经济高质量发展高度审视工作定位

当前和今后一个时期,哈尔滨市经济下行压力不断增大,生态环境高水平保护与经济高质量发展如何协同推进是摆在全市环保人面前的重大课题。要实现生态环保工作大突破、生态环境质量大改善,必须跳出自我看自我,站在哈尔滨市乃至全省、全国的层面,站在如何协同经济高质量发展的高度客观分析差距和比较优势,制定发展中保护、保护中发展的双赢策略,抛开其中之一谈工作、讲指标、论道理都是片面的、不科学的。近年来的行业综合治理模式和思路,就是从这样的角度出发而形成的,实践中收到了双赢的效果。所以,坚定不移地坚持从经济高质量发展高度审视工作定位,是全市环保人应该长期坚持的基本经验和基本思维。

21.3.2　必须坚持从党委、政府层面建立综合决策机制

生态环境问题究其本质是发展道路问题。目前看,哈尔滨市各级党委、政府政治意识不断增强,高度重视生态文明和生态环境保护工作,高层决策机制不断健全完善。这样,才使得生态文明和生态环境保护在"五位一体"总体布局和"四个全面"战略布局的地位更加突出,环境高水平保护与经济高质量发展协同推进,全社会更加关注和投入生态环境保护之中,一些突出环境问题得到有效解决。这种从党委、政府层面建立生态环境综合决策机制,是五年来工作取得显著成效的重要原因。

21.3.3　必须坚持从协调督办入手解决重点难点问题

生态环境保护涉及多领域、多部门。近年来,生态环境管理部门坚持协调有关部门落实了燃煤锅炉、城区水系、土壤修复、秸秆综合利用等工作会商、指标推进、目标分解多项制度机制,将市委责任制考核指标、政府生态环保目标、人大执法检查问题等纳入重要督办事项,定期跟踪问效,有效落实了生态环境保护各项工作任务。特别是在推进污染防治攻坚战和整改中央生态环境保护督察反馈意见中更是充分发挥协调督办作用,推动解决了一个个难题,攻克了一个个堡垒。所有这些都集中体现了执行上级决策部署不打折扣的政治态度,也推动了哈尔滨市生态环境保护工作不断迈上新台阶。协调督办形成合力,是今后落实目标任务的重要保障和制度法宝。

21.3.4　必须从发扬勇于担当、锐意创新、攻坚克难的作风入手破解难题

哈尔滨市生态环境保护工作在历代环保人艰辛努力和不懈追求下,从无到有、从废到兴,有些工作甚至走在了全国前列,开辟了生态环境保护的新纪元,为今天的生态环境工作奠定了坚实的基础。新的历史时期,哈尔滨市生态环境保护随同京津冀和东北地区一道,成为全国攻坚的主战场。我们正视短板,坚持问题导向,继续发扬勇于担当、锐意创新、攻坚克难的精神和工作作风,使一些看似不可能的事情变成了可能,谱写了新时代哈尔滨市生态环境保护的新篇章。比如,阿什河消劣、中央环境督察反馈意见整改,以及完成污染防治攻坚战目标任务;再比如,在重污染天气应急、疫情防控中,只要一声令下,无论白天黑夜、工作日休息日,大家立即出动,投身一线,这些都集中体现了生态环境保护这支队伍勇于担当、锐意创新、攻坚克难的优良作风,只要坚持下去,就没有过不去的坎、翻不过的山。

21.4　主要环境问题

21.4.1　环境空气质量

1. 冬季燃煤污染是环境空气最主要的污染来源

哈尔滨市冬季时间长,供暖期长达 173 d,取暖方式以燃煤为主。在本地排放源中,对细颗粒物贡献最大的污染源为燃煤源,占 36%,深冬季燃煤源占 43.2%,远高于非采暖季。冬季污染物燃煤排放仍然是哈尔滨市污染的主要原因。

2. 城区周边棚户区对细颗粒物影响较大

哈尔滨市城区周边 4 个典型棚户区二氧化硫、一氧化碳和颗粒物浓度远高于哈尔滨市平均水平,尤其二氧化硫和一氧化碳最大浓度分别超过城市平均值 3.5 和 2.9 倍,是典型的燃煤烟尘型污染,污染物浓度变化趋势与哈尔滨市均值一致。棚户区内日常生活小炉灶、冬季燃煤取暖小烟囱等低矮点源无处理设施直接排入环境,对哈尔滨市环境空气质量影响较大。

3. 机动车排气污染成为第二大贡献源

随着经济社会发展,机动车保有量增长迅速(年增长超 10 万辆)。其排气污染及产生的二次污染也成为影响大气环境质量的重要因素。截至 2020 年哈尔滨市机动车保有量已超 212.7 万辆。在本地排放源中,机动车尾气占 18.0%,为第二大贡献源。

4. 环境空气质量整体向好,细颗粒物仍未达国家二级标准

哈尔滨市虽然环境空气质量持续向好,但距达到国家标准仍有差距,特别是季节性差异明显,在采暖季,逆温、静稳和高湿度等不利气象和扩散条件下,重污染天气依然不可控。2018 年以后,除细颗粒物外,其他五项均能稳定达到年均值二级标准。

5. 臭氧成为仅次于颗粒物的首要污染物

哈尔滨市臭氧污染情况虽然年度评价未超过国家二级标准,但日均值超标情况明显增加。2013—2020 年,哈尔滨市臭氧第 90 百分位数、超标天数、臭氧作为首要污染物天数、达

到良以上级别天数均有升高趋势。2020 年哈尔滨城区有 61 d 首要污染物为臭氧,占全年 29.0%,其中超标 7 d,成为仅次于颗粒物的首要污染物。

21.4.2　水环境质量

1. 集中处置基础设施不够完善

城镇污水集中处理能力分布不均衡,雨污不分流现状尚未从根本上改变,沿河村屯生活垃圾收储转运体系还不够健全。重点支流、重点乡镇污水集中收集处理、垃圾无害化处置还不到位,重点区域、敏感区域危险废物处置和清洁能源使用处于较低水平。

2. 中小河流重污染情况仍旧存在

与松花江干流相比,松花江个别支流污染较重,消劣成效巩固和部分河流水质不稳定,持续改善压力大。2020 年城区水系监测的 46 条河流中劣于 V 类水质的河流有 25 条,占比 54.3%。

3. 地表水冬季枯水期氨氮浓度高是该时段主要超标原因

受气候和降水时空分布不均影响,哈尔滨市地表水普遍存在枯水期氨氮浓度相对于其他时段较高的特征。松花江流域位于北方寒冷地区,水量变化具有明显的季节性特征,6 ~ 9 月降水集中,降水量占全年的 70% 以上,致使江河径流量急剧增大,占全年径流量的 60% ~80%。11 月至次年 3 月封冻期,径流量明显减少,仅占全年的 20% 左右,进入枯水期。由于冬季枯水期缺乏有效降水,中小河流流量减少,河流自净能力下降,导致氨氮指标经常出现超标情况。

4. 中小支流污染的主要来源为农村面源和农村生活源

农村地区养殖业散养户多,且未经无害化处理,每年产生大量干粪和污水;我市农村地区种植业农药、化肥施用量基数大,减量效果不明显,随着地表径流进入水体,对水环境质量造成影响;农村地区生活源污染较重,缺乏垃圾收集转运体系,普遍存在垃圾积存现象。

5. 城区集中式饮用水水源磨盘山水库出口存在富营养化风险

"十三五"期间,哈尔滨市城区集中式饮用水水源地磨盘山水库出口点位水质虽稳定达到Ⅲ类标准,但受入库支流影响,总氮浓度持续高位(在 1.5 mg/L 上下),存在一定富营养化风险;冬季月份高锰酸盐指数接近或达到临界值(6 mg/L),存在超标风险。

21.4.3　声环境质量

1. 交通噪声成为影响声环境质量的主要原因

随着城市发展和人民生活质量改善,汽车保有量不断增加,道路交通流量增加,交通噪声成为各类声环境功能区等效声级超标的主要原因,其中夜间货物运输车辆行驶是影响哈尔滨市功能区夜间噪声达标率低的主要原因。

2. 噪声功能区划滞后于城市发展速度

"十三五"期间,哈尔滨市还沿用《哈尔滨市人民政府关于调整城市区域环境噪声标准适用区域的通知》(哈政发〔2011〕12 号)的声环境功能区点位。随着近十年城市的发展及建成区面积的扩大,城市规模、建设功能用地、城市功能布局、城市路网布局及各声环境功能区的环境噪声现状都发生了变化,已不能满足管理部门对噪声管理的要求和人民群众对宁静声环境的需要。

21.4.4　生态环境质量

"十三五"期间,哈尔滨市近九成的人口居住在生态环境状况为"良"的区域,仅一成人口居住在"优"的区域。同样,哈尔滨市94.0%的生产总值产生在生态环境状况为"良"的区域,仅6.0%的生产总值产生在"优"的区域。因此人口越密集,经济越发达,生态环境质量相对越差。"十三五"期间,哈尔滨市生态环境状况与经济快速发展存在一定矛盾。

21.4.5　农村环境质量

"十三五"期间,哈尔滨市农村饮用水水源地水质平均指数分值较低,主要原因是木兰县、通河县、方正县原生地质情况导致铁、锰超标情况较多。其中锰超标共计138次,超标率38.8%,铁超标共计83次,超标率23.4%。

21.4.6　土壤环境质量

"十三五"期间,哈尔滨市重金属污染整体处于较低风险,个别农用地土壤点位砷和镍指标可能存在污染风险。其中砷指标1.0%的点位超过风险筛选值、镍指标0.5%的点位超过风险筛选值。

21.4.7　辐射环境质量

"十三五"期间,面临辐射环境监测基础能力不足,辐射监测人员少,实验室面积不足,不能满足日益增加的辐射环境监测任务要求;与全国同级辐射监测机构相比,监测硬软件能力均较弱。

21.5　对策及建议

21.5.1　健全环境责任体系,推动多方共治合力形成

认真落实国家、省关于构建现代环境治理体系的决策部署,以坚持党的集中统一领导为统领,以强化政府主导作用为关键,以深化企业主体作用为根本,以更好动员全社会共同参与为支撑,完善体制机制,实现政府治理和社会调节、企业自治良性互动。

在党委、政府层面,组织启动环境治理的领导责任、企业责任、全民行动、监管、市场、信用和法律法规政策"七个体系"建设,设计配套建立健全94项生态环境保护制度机制,到2025年逐步形成配套。根据哈尔滨市实际工作需要,调整市级环委会组织架构,增设要素领导小组,进一步推动落实生态环境保护"党政同责""一岗双责"和"管行业必须管环保、管业务必须管环保、管生产必须管环保"要求。

在企业层面,突出企业生态环境主体责任,深入实施以排污许可证为核心的"一证式"管理机制。一方面,要结合许可证核发,进一步组织梳理企业应执行的环境保护法律、法规、规章和标准,结合企业生产工艺和污染防治技术,充分考虑技术、经济可行性,组织企业全面制定正负面清单,建立起企业生态环境正负面清单制度。另一方面,要全方位加强对企业的监管,建立以"一企一策"重点监管为主,以"双随机、一公开"和信用监管为补充的监管模式,督促企业严格执行生态环境保护法律法规和正负面清单,使正负面清单切实转化为企业自身日常生态环境管理规范,不断增强企业生态环境保护主体意识。

在社会层面,协同群团、行业协会、商会等组织,建立起动员全社会参与生态环境保护机制,充分发挥环保志愿者作用,鼓励支持环保志愿者因地制宜开展环保公益活动,支持引导社会组织、环保志愿者、公众在生态环境监管、行政许可、政策制定、监督企业履行生态环境保护责任等方面发挥积极作用。特别是要在绿色出行、绿色消费、垃圾分类、环境监督和绿色家庭、绿色社区创建等方面发挥践行绿色生活方式的带动引导作用。

21.5.2 夯实政策法制体系,保障依法施治有效落实

要坚持依法行政、依法推进、依法保护,以法律的武器治理环境污染,用法治的力量保护生态环境。加强地方性法规标准建设,有计划地填补空白,修订与上位法不相适应的地方性法规规章。组织制定进一步深化"网格化""双随机、一公开""信息化"等日常监管和督促检查考核的具体制度机制,完善检查、报告、立案、取证、裁量、审核、讨论、决定、执行、归档、考核等具体工作流程;进一步完善与公、检、法、司等部门联合执法机制,加强严重违法行为的打击力度。加强综合执法队伍建设,通过执法大练兵不断提高发现问题和解决问题的能力。

21.5.3 建立污染防治攻坚战和中央生态环境保护督察联动机制

以深入打好污染防治攻坚战为主战场,以中央生态环境保护督察为有力支撑,将两项工作通过两个市级领导小组及其办公室进行整体谋划推进,建立相衔接的制度机制,推动目标任务高效落实。实施中,将中央生态环境保护督察(省督察)反馈意见、国家和省深入打好污染防治攻坚战具体部属,以及根据哈尔滨市实现确定的具体治理内容三部分纳入攻坚战具体目标任务,建立清单、台账并组织实施;将污染防治攻坚战目标任务完成难度大、进展缓慢的列入中央生态环境保护督察整改内容强力推动,做到二者互相融合、相互助推。同时,还要与考核区县经济考核有机结合,切实通过加强考核进一步提升部门和属地政府的生态环境保护责任意识。

21.5.4 完善综合治理体系,推动环境质量持续提升

按照精准治污、科学治污、依法治污思路,以深入打好污染防治攻坚战为统领,把握好新发展阶段环境治理特点,进一步完善综合治理体系,通过综合治理有效解决生态环境保护"顽疾"。

21.5.4.1 突出"三重一改",科学推进环境空气质量改善

继续突出重点防控污染因子、重点区域、重点行业、重点时段,牢牢把握"实现减污降碳协同效应"总要求,实施大气污染综合治理。

1. 以绿色低碳推动产业结构优化

按照产业规划和布局,推进重点行业污染治理,严控"两高"指标,淘汰落后产能,削减非电力用煤;将重点行业涉气污染源全部纳入减排清单,严格抓好减排措施落实;持续推进大气污染物达标排放和"散乱污"企业等专项整治。

2. 以燃煤压减倒逼能源结构调整

严格控制煤炭消费总量,积极发展清洁能源,持续推进清洁取暖,推进燃煤锅炉整治及工业炉窑清洁能源替代。深化散煤治理"三重一改"攻坚行动,优先实施城市主导上风向城中村、棚户区、城乡接合部、农村和国控大气自动监测点周边 5 km 范围内散煤污染治理,完成替代散煤 130 万 t。

3. 以清洁高效引领交通结构转变

加快推进"公转铁",全面实施机动车国六标准,加快淘汰国三及以下柴油货车、老旧船舶,积极推广新能源车船,加强非道路移动机械管控和在用机动车超标治理,实施油品产、销、存全链条监管,切实保障油品质量。

4. 以 VOCs 和 NO_x 协同减排促进环境治理提质增效

以石化、化工、工业涂装、包装印刷、油品储运销为重点,强化 VOCs 治理,积极推进含 VOCs 原辅材料和产品源头替代,加强无组织排放管控,以移动源和工业炉窑为重点推进 NO_x 减排,持续推进钢铁等超低排放改造。

5. 深化面源治理,加强秸秆综合利用

深化扬尘综合治理,加强秸秆综合利用和禁烧管理,稳步推进大气氨污染防控,强化消耗臭氧层物质管理,着力解决恶臭、油烟等群众身边的大气环境问题。

6. 突出抓好秋冬、冬春时段管控,妥善应对重污染天气

构建"市-县"污染天气应对预案体系,完善重污染天气预警应急的启动、响应、解除机制,探索轻、中度污染天气应急响应的应对机制,完善减排清单,实施"一厂一策"差异化管控,推进区域联防联控机制落实,完善应急减排信息公开和公众监督渠道。非采暖期开展大气污染防治措施,缓解采暖期大气污染防治压力;采暖期强化联防联控,打好重污染天气应对战役。预测有重度及以上污染天气时,提出启动响应,落实应急减排措施,实施区域应急联动,切实起到"削峰降频"作用。

21.5.4.2 突出"三水统筹",综合推进全流域水环境治理

按照"灭劣五、促中间、保优良、全面改善水环境质量"的治水思路和"急病快治、难病巧治、沉疴细治"的治理原则,以流域水生态环境保护规划为引领,明确水质改善目标、重点任务和重点工程,坚持流域治理"一河一策",生态扩容与污染减排"两手发力",强化水资源利用、水生态保护、水环境治理"三水统筹",河湖长制"四级监管",水系治理"五项保障",全面推进全流域治理。

1. 持续发力打好重点河流消劣攻坚

以5大专项整治、污水截流为抓手,实施蚂克图河消劣"攻坚战";以5大专项整治"回头看"、畜禽养殖治理、城镇污水处理工程建设为重点,巩固少陵河、阿什河和倭肯河消劣成效。

2. 突出重点稳步提升国考点位水质

坚持突出重点、全面提升,继续推进预警监测、5大整治、专项执法、通报约谈、领导调度、专家指导;坚持"超前谋划、超量建设",重点推进群力西、阿什河、公滨等镇污水处理工程建设,工程治理、源头减污;坚持"超低排放、管网连通",继续推进枯水期污水厂超低排放和阿什河、何家沟流域污水厂管网连通,削峰平谷、防范风险。

3. 分类施策全面启动全流域整治

坚持5大专项整治法宝,全面启动全流域整治,坚持全面排查、科学分析、精准溯源、依河施治,对阿什河、倭肯河、少陵河、蚂克图河等河流专项整治助力工程治理"急病快治";对流经农村、农田区域面积大的支沟泡塘先行清河清岸,进而保护恢复"沉疴细治";对呼兰河、拉林河、肇兰新河等河流自身发力推动上下游左右岸协同"难病巧治"。

4. 系统管理探索"管网厂一张图"

加强排口排查、监测、溯源和分类整治,整合资源信息和图纸数据,探索实现阿什河流域"管网厂一张图"管理,重点开展何家沟、马家沟和阿什河私接混接错接问题排口管网整治,减少入河污染;先易后难,推动雨污合流口分期分批改造,逐步削减存量;源头把关,从严审批入河排污口和雨污合流新建指标,严格控制增量。

5. 以支促干,加强中小河流治理的顶层设计

在国土空间规划中,扩大中小河流上游的湿地、森林、草地等具有水源涵养功能的空间,从源头上改善中小河流水环境质量。科学划分流域空间,按照生产、生活、生态三个功能划分流域空间,为上下游、左右岸生态整体保护、系统修复和综合治理打好基础。严格管理沿岸空间,依法禁止河道周边空间的开发使用,防止过度开垦。

将水资源支撑作为产业布局的重要约束因子,重大指标布局要进行水资源利用合理性评估。用水量大的产业指标不宜以中小河流作为水源,避免河流流量大幅度减少,影响河流生态。指标落地区域要有足够的纳污能力,排水量大的产业指标不能布局在中小河流附近,否则中小河流的水量不足以稀释、净化巨大的排污量,容易形成新的黑臭水体。通过合理的产业布局,保证各地水库拥有一定预留水量,能够在冬季为中小河流补充水量,优化水质。

坚持规划引领中小河流治理。宏观谋划与一河一策相结合、流域贯通与分段负责相结合、综合治理与部门专责相结合,切实把中小河流治污工作规划好、统筹好。加强中小河流区域节水型社会建设,强化水资源调度配置,提高全社会用水效率。

6. 抓住根本,加强水源地保护

加大磨盘山饮用水水源地环境监管力度,督办落实《实施磨盘山水源保护区生态补偿协议书》相关要求,完善与相关部门联防联控机制,加强日常巡查检查。加强"万人千吨"水源地环境监管,加快水源保护区规范化建设和整治,依法划定、撤销和调整水源保护区,完成亚布力镇、山河镇和达连河镇水源地问题的综合整治工作。

21.5.4.3 多措并举,加强噪声污染防治

优化功能区监测点位,合理规划布局,实施畅通工程,推进设置绿化带、铺设减噪路面、架设隔声屏等道路隔音降噪措施,采取禁鸣区、禁行段等管理措施,有效降低交通噪声对声环境质量的影响。

21.5.4.4 深化农业农村生态环境污染治理

开展哈尔滨市地下水背景值调查研究。统筹规划实施农村生活污水治理,以减量化、生态化、资源化为导向,优先治理水源地保护区、乡级政府所在地、中心村、城乡接合部、旅游风景区等五类村庄生活污水,鼓励以资源化利用为主的污水治理模式。开展农村黑臭水体专项治理,补充完善农村黑臭水体清单,组织编制治理方案并加快实施。对哈尔滨市城市地下水饮用水水源地开展水质现状监测、污染源调查及风险评估,提出污染防治措施,指导各市(地)、县完成地下水污染防治实施方案编制并发布实施。科学谋划"十四五"土壤、地下水、农业农村生态环境保护工作,积极争取中央生态环境保护专项资金,系统实施土壤、地下水、农业农村污染防治重大工程指标。

21.5.4.5 突出"源头防控",系统推进土壤污染治理

以严守产品质量安全和人居环境安全为底线,突出重点区域、重点行业、重点污染物,深入实施土壤、固废垃圾、农村污染治理,全面提升管控能力。

1. 健全土壤污染防控体系

重点实施"11321"工程。健全一个体制,即在环委会框架下,建立完善土壤污染防治专委会,细化分解《中华人民共和国土壤污染防治法》各项制度规定和重点任务,统筹推进土壤污染防控各项工作。编制一个规划,即筹备编制《哈尔滨市土壤污染治理修复专项规划》。落实两个机制一项制度,即落实建设用地准入联动监管机制和落实行刑联结机制,推行农用地分类管理制度,严把建设用地入口关,严格管控和安全利用受污染耕地,重拳整治各类土壤污染行为。动态更新两个清单,即动态更新疑似污染地块和再开发利用负面清单、土壤污染重点监管企业名单,推动应用全国土壤污染信息管理平台,实现信息实时共享,从两条线抓好疑似污染地块风险管控工作。抓好一个示范,即继续抓好土壤污染防治先行区建设工作,在土壤污染源头预防、风险管控、治理修复、监管能力建设等方面在全省先行先试,努力为全省提供一套可复制、可推广的土壤污染防治经验和模式。

2. 配套完善固废垃圾监管处置体系

在医疗垃圾无害化处置全覆盖基础上,进一步完善分类、收集、储存、转运、处置日常监管机制,确保医疗废物"全链条全周期全闭环管控"。持续开展危险废物专项整治三年行动,加强危险废物规范化环境管理,以医疗废物、废铅蓄电池等危险废物为重点,持续开展依法打击违规堆存、随意倾倒,以及非法填埋等环境违法行为。以"无废城市"建设为引领,持续开展塑料污染治理部门联合专项行动,推进"白色污染"综合治理和禁止洋垃圾入境,完善常态化管理体系。加强固体废物源头减量和资源化利用,最大限度减少填埋,结合自然生态修复、发展循环经济,探索固体废物资源利用新途径,有效控制和减少固体废物对

环境的影响和危害。加强辐射安全监管,开展辐射安全隐患排查专项行动,加大对重点核技术利用单位的监管,确保高风险源安全可控。

21.5.4.6 加强辐射监测能力建设,强化辐射安全检查

加强辐射监测能力建设,强化对辐射安全监督检查。在检查范围上,将在哈尔滨市范围内从事生产、销售、使用放射性同位素与射线装置核技术利用单位全部纳入检查范围;在检查内容上,主要检查辐射安全许可证情况,辐射安全与防护措施落实及运行情况,"三废"处理情况,监测设备和防护用品配备情况,监测与年度报告情况,辐射事故应急管理应急预案编制、备案、应急演练情况,辐射事故应急物资(装备)的储备及是否可用、好用情况等。

21.5.4.7 筑牢风险防控体系,切实保证生态环境安全

加强企业环境风险隐患排查治理力度。在排查范围上,从环境应急管理和突发环境事件风险防控措施两大方面排查可能直接导致或次生突发环境事件的隐患。一是加强对重点行业企业环境风险隐患排查治理的监管力度,特别是列入一、二类风险源和石油化工、化学品仓储、油气运输管线、尾矿库、垃圾填埋场、涉危(危险化学品、危险废物)涉重企业、化工园区等重点风险源的排查。二是对重点河流、重要湖库、集中式地表饮用水水源地等环境敏感区域的排查。在排查内容上,主要检查污染防治设施建设运行及达标情况,危险废物产生、贮存及处置情况,环境风险评估及应急预案编制、备案、应急演练情况,环境应急监测预警措施落实及运行情况,环境应急防范设施措施落实情况,包括是否科学合理设置围堰、应急池等防范设施,是否在罐区等风险点安装自动喷淋设施,是否配备足够的应急处置物资并确保可用好用等,建立完善隐患排查治理管理机构和隐患排查治理制度情况,建立隐患排查治理档案情况等。